彩图 2-3 标准化猪舍外观

彩图 2-5 标准化猪舍内部

彩图 2-16
仔猪舍保温灯（250W 红外线灯）

彩图 3-1 发霉玉米

彩图 3-2 猪胶蹄病

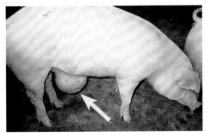

彩图 4-4 脐疝

彩图 4-6
产前母猪便秘排出的干硬粪球

彩图 4-7　乳房发炎

彩图 4-8　母猪子宫炎症

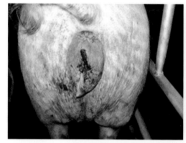

彩图 4-9　母猪产道感染

彩图 4-10　后备母猪假发情的阴部症状

彩图 4-11　蹄裂症状

彩图 4-14　分娩前对外阴部消毒

彩图 4-15　分娩前对乳房的消毒

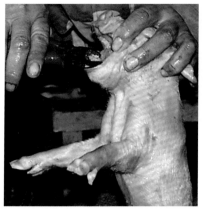

彩图 4-19　初生仔猪剪牙

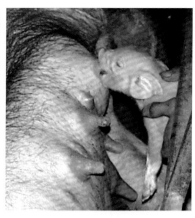

彩图 4-26　初生仔猪固定乳头

彩图 4-27　仔猪保温箱一

彩图 4-28　仔猪保温箱二

彩图 4-31
铺垫草减少仔猪冷应激

彩图 4-33
呼吸道疾病综合征病猪的肺脏

彩图 4-37　育肥猪栏内的戏水池一

彩图 5-8　公猪爬跨假母猪台

彩图 5-14　人工输精方法

彩图 6-5　产房通风换气设备

彩图 6-7　用防蚊网改进的水帘降温系统

彩图 6-8　水帘降温系统

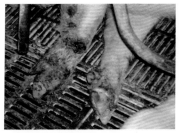

彩图 7-1　猪口蹄疫蹄部溃疡坏死

彩图 7-2　口蹄疫蹄部病变症状

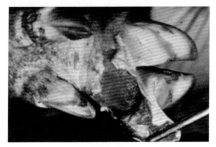

彩图 7-3
猪口蹄疫蹄部溃烂、蹄壳脱落

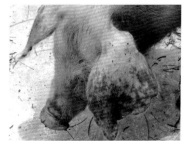

彩图 7-4　病猪皮肤、耳朵等处
发绀，有出血斑点

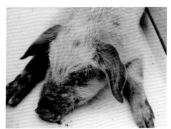

彩图 7-5
猪瘟皮肤大片紫红色斑块或坏死痂

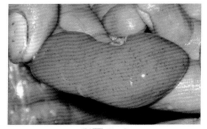

彩图 7-6
猪瘟肾脏表面布满针尖大的出血点

彩图 7-7　大肠回盲瓣段黏膜上
形成特征性纽扣状溃疡坏死

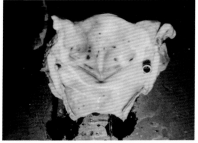

彩图 7-8　猪瘟膀胱黏膜出血点

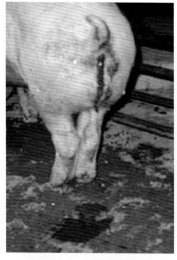

彩图 7-9　猪血痢症状

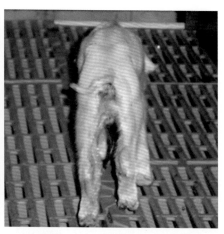

彩图 7-10　仔猪黄痢症状一

彩图 7-11　仔猪黄痢症状二

彩图 7-12　猪水肿病（病猪眼睑水肿）

彩图 7-13
气喘病（肺对称性肉样病变）

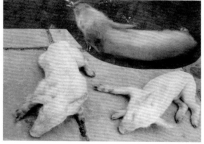

彩图 7-16　猪伪狂犬病
（上：神经症状，转圈；下：耳朵一个向前，
一个向后，呈神经调节失衡症状）

彩图 7-18
猪伪狂犬病：犬坐姿势二

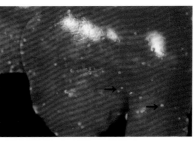

彩图 7-19
伪狂犬病肝脏表面散在坏死点

彩图 7-22
猪衣原体病流产胎儿全身皮肤出血

彩图 7-24
猪肺疫的肺出血

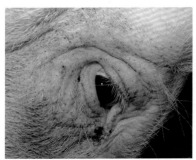

彩图 7-25
蓝耳病眼角膜周围血管充血

彩图 7-26
耳部皮肤严重发绀呈蓝耳症状

彩图 7-27　猪蓝耳病耳发绀

彩图 7-28　仔猪蓝耳病眼睑水肿

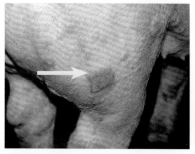

彩图 7-30　猪丹毒皮肤菱形疹块

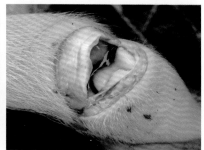

彩图 7-32　关节炎

彩图 7-33　日本乙型脑炎整窝死产胎儿

彩图 7-36
疥螨病耳根、耳后部结痂

彩图 7-37　疥螨患猪

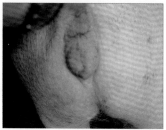

彩图 7-39
霉玉米中毒症状二（假发情）

小家畜规模化规范化养殖丛书

生猪快速致富养殖技术指南

郎跃深　刘艳友　主编

化学工业出版社

·北京·

本书主要从健康养猪的现状、猪场场址建设、猪只的营养与饲料、不同类型猪只的饲养管理技术、人工授精、猪的卫生防疫以及常见病防治等方面进行了较为详尽的介绍。还介绍了一些最新养猪科技成果。力求实用性、科学性、可操作性。适合于养猪从业者阅读，也可供基层畜牧兽医工作者及各类学校养殖专业的师生阅读参考。

图书在版编目（CIP）数据

生猪快速致富养殖技术指南/郎跃深，刘艳友主编．
—北京：化学工业出版社，2017.3（2018.5重印）
（小家畜规模化规范化养殖丛书）
ISBN 978-7-122-28819-6

Ⅰ.①生…　Ⅱ.①郎…②刘…　Ⅲ.①养猪学-指南
Ⅳ.①S828-62

中国版本图书馆 CIP 数据核字（2017）第 002009 号

责任编辑：李　丽　　　　　　　　文字编辑：赵爱萍
责任校对：王素芹　　　　　　　　装帧设计：关　飞

出版发行：化学工业出版社（北京市东城区青年湖南街 13 号　邮政编码 100011）
印　　刷：北京市振南印刷有限责任公司
装　　订：北京国马印刷厂
850mm×1168mm　1/32　印张 9½　彩插 4　字数 224 千字
2018 年 5 月北京第 1 版第 2 次印刷

购书咨询：010-64518888（传真：010-64519686）
售后服务：010-64518899
网　　址：http://www.cip.com.cn
凡购买本书，如有缺损质量问题，本社销售中心负责调换。

定　　价：**29.80 元**　　　　　　　　　**版权所有　违者必究**

编写人员名单

主　　编　郎跃深　刘艳友

副 主 编　许久伟　岂凤忠　郭兴华

编写人员　（按姓氏笔画顺序排序）

　　　　　　邓英楠　岂凤忠　刘艳友

　　　　　　关镇林　许久伟　郎跃深

　　　　　　柴　双　殷子惠　郭兴华

　　　　　　裴　刚

前　言

　　随着我国经济的快速发展及养猪科技水平的不断提高，规模化养猪所占的比例逐渐增大。同时，随着人们消费观念的变化，对猪肉的质量要求也越来越高，尤其是猪肉要保证健康无公害。这就要求我们在养殖环节做到生猪快速高效养殖，生产出绿色无公害猪肉。

　　怎样搞好我国的生猪养殖，建立一套规范化的猪场生产饲养管理方法、提高从业人员的素质是非常重要的，也是更为必要的。本书可以使理论水平相对较低的养猪朋友学到实用的养猪技术，帮助他们解决一些实际问题，从而提高养猪的经济效益。

　　为了满足养猪场的实际需求，提高生产水平及经济效益，我们根据规模化猪场的管理特点和要求，在总结了多年养猪生产实践经验的基础上，编写了《生猪快速致富养殖技术指南》，本书既可供猪场员工使用，也可作为相关行业大客户技术服务人员的培训教材。

　　由于水平所限，希望读者提出改进意见，我们将非常感谢！

编者

2017 年 1 月

目 录

第四章 不同类型(时期)猪的饲养管理技术 —— 55

第五章 猪繁殖技术 153

第一章 健康养猪的背景及现状

一、健康养猪的现状

健康养猪就是在一个干净清洁、无疫病、饲料营养齐全、粪尿无害化、畜舍规范、饲养者无病等多方面优化环境下的养殖。健康养猪关键技术研究已成为与产业发展具有强劲互动作用的重要技术领域，是当前养猪业科技活动中最为核心和活跃的研究领域。随着养猪业的发展，规模化快速高效养殖也已经成为未来发展的必然趋势，一家一户零星散养已不能适应人们对猪产品的需要了。

早在20世纪90年代后期我国海水养殖界就已提出健康养殖的概念，以后陆续渗透到淡水养殖、生猪养殖和家禽养殖，并不断得以完善。健康养殖以保护动物健康、保护人类健康、生产安全营养的畜产品为目的，最终以无公害畜牧业生产为结果。健康养殖的畜产品要求对人类健康没有危害，具有较高的经济效益。健康养殖包括环境的科学管理和资源的合理开发利用，以及实现养殖业的可持续发展。

1．国外健康养猪现状

目前，在养猪发达国家，通过良好生产规范、危险分析与关键点控制系统下的生物安全保证体系、SPF（无特定病原体）技术、SEW（早期隔离断奶）技术、ISO 90001 系列标准、ISO 14000 系列标准等技术理念和标准，建立起了安全畜产品生产全过程的质量控制体系和标准，基本上实现了畜产品生产的健康养殖。例如欧盟饲用抗生素使用禁令的颁布、京都议定书中对各发达国家反刍动物饲养量的限制、荷兰等一些发达国家对养殖场排污恶劣颁布的法令限制等。在瑞典，通过 20 年的研究和应用，建立了由无污染饲养管理体系、无公害兽医卫生体系和无抗生素添加的饲料生产体系组成的全程生猪健康养殖生产技术体系，提出了"瑞典模式"的绿色养猪业。目前，在这种模式下生产的农场（规模猪场）已占养猪发达国家规模猪场的 85％以上，绿色猪肉及其制品已占所销售总量的 95％以上。

在养猪业发达的国家，不同的国家具有自己国家特色的健康养殖模式，因地制宜地发展养猪业，均取得了较高的生产水平和优质安全的猪肉产品。在养猪发达国家，猪场建筑为全封闭式，猪场从温控、抽风、饲料、排污等方面均实行了自动化，猪舍小气候良好，猪群健康程度高；饲料配方技术和育种技术得到广泛应用；注意猪只福利和环境控制；管理完善；疫病净化，抗生素的禁止使用，使得养猪业健康养殖顺利发展。

不同国家的养猪规模和养殖方式不同，下面以丹麦和美国为例进行比较。丹麦猪以健康、高效和肉优质而出名，丹麦养猪业以规模为 200～550 头基础母猪的猪场为多见，丹麦每个猪场都是农场主家庭式经营，每个农场主有 200～330hm² 的土地，规模不大，适应了猪场防疫和排污的需要。美国是世界第二养猪大国，在美国养猪业表现为集中度越来越高，规模化程度越来越高；20世纪80年代初，尚有养猪场65万个，到2006年只剩下7000个左右，最大的40个养猪公司占有60%的母猪，其中最大的Smithfield公司拥有120万头母猪，最小的也有2.5万头母猪，即使是中小规模猪场，母猪规模也大多在1000头左右。美国养猪业集中适应了食品加工厂标准化的瘦肉制品的需要，并可获得规模效益。

在养猪发达国家的猪场，猪舍采用不同设施改善舍内环境。例如，丹麦猪场，粪尿主要是通过漏缝地板直接进入猪舍下面的粪池，每出一批猪清理1次粪池，猪场粪污处理采用底部建有30°的斜坡的储粪池，便于干稀分流，污水喷洒农田，干粪在来年耕种时施肥，实现种养结合；保育舍广泛应用干湿料槽，减少饲料的浪费和污染，增加仔猪的食欲；仔猪保温箱上有红外灯，下有暖气地板；仔猪躺卧区有土豆粉、锯末、垫草，土豆粉一方面吸潮，一方面猪舔食后有利于胃肠的发育；猪舍建筑多数在屋顶安装排气扇通风换气。美国猪场广泛应用废弃物处理工艺，猪舍都是全漏缝设计，猪舍下面是一个很大的底部封闭的容器，用来收集全部的粪尿，在每一批猪的饲养过程中并不进行冲洗消毒工作，直至全部转出之后进行彻底的清洗消毒；收集的粪尿从底部通过一个提升系统转移到猪舍旁边的兼气性的厌氧和好氧池处理后，细菌等病原微生物基本上杀死，再通过施肥机组，粪尿返回到地里。美国猪舍多采用纵向或横向通风。

在养猪发达国家，一些猪病已被净化，猪群健康程度很高。如猪瘟、口蹄疫、伪狂犬病、猪痢疾等已在美国、丹麦净化。丹麦猪场健康程度很高，猪场都是SPF认证场，丹麦猪场的健康状况采用分级别认证（如有一种病则在SPF的基础上再加上病原的简称），采用这种方法时健康标准明晰化，对购猪客户有利。丹麦主要通过提高猪场的管理水平和控制其他疾病来减少蓝耳病的影响，目前蓝耳病并没有给丹麦普通的商品场造成影响。而美国对蓝耳病的控制仍然是通过接种疫苗，效果不佳。丹麦猪场，尽量做到不给猪群免疫和注射药物，以减少应激，利于猪群的生长，育肥猪从出生到上市不打免疫疫苗，不使用药物。美国猪场对圆环病毒的控制主要通过应用圆环病毒疫苗；对呼吸道疾病综合征的控制，主要是控制好支原体，同时控制好继发感染。

在养猪发达国家的猪场，从品种、饲料、环境、管理等方面不断改进和完善，从而获得较高的生产水平和经济效益。目前丹麦的核心群种猪每头每年可提供出栏猪 24～26 头，而商品猪场的父母代种猪每年可提供 30 头左右的出栏猪，生产性能很高。水平高的猪场母猪年产 2.4 胎以上，一般猪场 2.2 胎以上，窝均产活仔猪数高的达 14 头以上，一般的 12 头以上。仔猪 4 周龄断奶，保育猪饲养 6 周左右，体重达 30kg 转入育肥舍至上市。美国每头母猪一般窝产 11 头左右的活仔猪。21日龄断奶时体重为 6～8kg，上市体重为 130kg。

总之，在养猪发达国家，建立起了安全畜产品生产全过程的质量控制体系和标准，采用具有自己国家特色的健康养殖技术，因地制宜地发展养猪业，均取得了较高的生产水平和优质安全的猪肉产品，粪尿回田处理，实现种养结合，基本实现了畜产品生产的健康养殖。

2.国内健康养猪现状

二十多年来，养猪业的产量和产值快速增长，迅速解决了我国动物食品性短缺的问题。我国养猪业科技活动主要以解决支撑养猪业数量增长技术需求而展开，在畜禽高产品种培育、畜禽营养需要量和饲料配方技术等方面取得了一批成果。但当前我国养猪业存在着较多的问题，如违禁饲料添加剂和抗生素的滥用、养猪业造成严重的环境污染、疫情的净化和控制不利、生产水平不高等重大问题，严重影响养猪业的可持续发展，影响动物食品安全。养猪业亟待解决生产水平低、环境污染和动物食品安全等问题。因此，研究健康养殖的关键技术并应用，已是我国畜牧养殖产业实现现代化的必然要求。国内健康养猪主要是以"规模化和集约化养殖"的形式体现，通过较大规模和专业化的生产方式，降低成本，取得较高的社会效益、经济效益和环境效益的一种生产模式。

20世纪90年代以来，猪育种已转向适应不同市场需求的专门化品系培育，并配套生产。饲料工业快速发展，新型饲料研究取得了很大成就，研制开发了代乳料、仔猪抗应激料、早期断奶料、新型有机微量元素添加剂、抗生素替代品添加剂和减少饲料中有害物质添加剂等饲料高新技术产品。饲料检测与品质控制技术不断发展。规模化养猪疫病控制方面，研究开发出了主要病毒病的监控技术、抗体检测技术以及快速诊断试剂盒等，研制出了新型的基因灭活疫苗、基因缺失疫苗。伴随我国养猪产业化的发展，培植了一批专业化养猪设备企业，研制开发了一些新型猪舍建筑材料、设施、设备和产品，如国产工厂化养猪成套设备，主要包括各种围栏（配种栏、单体母猪栏、分娩栏、保育栏、生长栏和育成栏）及漏缝地板、各种自动喂料箱、通风、降温、保温及清洁消毒和冲洗等机械设备等，并应用计算机辅助设计技术设计和装备了一批现代化的大型工厂化猪场。开发了粪污处理设施设备，生产生物有机复合肥、建设沼气池进行粪污处理和再生利用等，减少了环境污染，提高了养猪的综合经济效益，并相继出台了一系列环境监测、粪污排放等标准。

大量研究证实了日粮中添加饲用酶制剂，可促进营养物质的消化吸收，改善动物生产性能，使过去猪只不能利用或利用不充分的饲料或养分得到较好的利用，减少污染物的排出，实现节能减排。益生素是最先被提出的抗生素替代品，可直接喂猪，以活菌形式在动物消化道中与病原菌竞争抑制，增强猪只的免疫功能，并能保持胃肠道微生态平衡。益生素可防治疾病，提高猪的生产性能，降低饲料消耗。与抗生素相比，无副作用，无残留，不引起耐药性。大量的研究也证实了用有机微量元素取代猪饲粮中的无机微量元素，可以改善仔猪的生长性能，提高仔猪的初生重和断奶重；提高生长肥育猪日增重和饲料转化率；增加母猪的窝产仔数，减少母猪的淘汰率；有机微量元素的生物利用率较无机微量元素高，减少环境污染。

随着规模化、集约化养殖业的发展，养猪场由于大量废弃物的排放，严重影响了环境，养猪场的恶臭造成空气质量恶化，污水污染水源和土壤等，因此，在目前城市化发展过程中，许多城镇郊区的养猪场为此不得不搬迁。

随着农村经济的不断发展、政府对养殖业的不断扶持和农户经济意识的不断提高，农户养猪已经由传统的家庭式养猪向专业户养猪转变。农户根据地区的农业优势和其自身的心理素质、市场意识、抗风险能力、专业技能、工作能力、管理水平、资金能力、劳动力等诸多因素来决定养猪类型和养猪规模，即发展适度规模养殖。我国的中小规模养猪户依然是我国商品肉猪的主要供应者。由于农户养猪的研究和科技推广工作难度大、经济回报差等原因，我国养猪业的主要研究项目、支持资金和技术力量多集中于大规模化猪场。中小规模猪场的健康养殖现状堪忧，急需一套因地制宜的健康养殖技术来规范生产，以全面推进养猪业的健康发展。中小规模猪场对"疫情风险大于市场风险"的认识不足，农户"重治病、轻防病"等传统养猪观念的根深蒂固，生产极不规范，存在乱引种、乱用药、乱用苗、乱用料的情况，场地选择与猪舍建筑很不规范，因陋就简（见下图），生产标准和操作规范非常欠缺、极不完善，饲养管理缺乏科学的、有针对性的技术指导体系，不重视养殖废弃物的合理处理，导致疫病频繁发生，生产水平低，环境污染严重，影响养猪业的可持续发展，健康养殖水平有待提高。

简易猪舍外观图

自从 2006 年 7 月 1 日《中华人民共和国畜牧法》实施以来，我国畜牧业的健康养殖产生了巨大变化。

总之，研究健康养殖的关键技术并应用，已是我国畜牧养殖产业实现现代化的必然要求。我国在猪育种、饲料、疫病控制、猪舍建筑材料、设施设备、粪尿处理等方面的研究均取得了很大成就，制定了环境监测、粪污排放等标准，畜牧法的实施等，均促进了我国畜牧业健康养殖的发展。

二、改变观念，科学养猪

进入 21 世纪以来，养猪业的竞争越来越激烈，如今我国肉类关税逐渐下降，生猪生产者和经营者面临前所未有的挑战；我国的猪肉产品受品质和检疫的限制，出口不会有明显的变化，国外猪肉生产因有品种、品质、规模和科技的优势，在食品卫生检疫、药残控制上比国内做得好，长途运到我国仍有一定的优势。我国内地出口猪只有几万吨，占的比例很小，还不到猪肉生产量的千分之一。猪肉出口主要被发达国家所垄断，其主要原因是优质猪肉的生产技术更难。猪的饲养管理、疾病控制、屠宰加工，特别是猪粪的污染治理难度更大。发达国家特别是美国看到我国年消费猪肉达 3.6×10^{10} kg，一直在寻找进入我国市场的机会。如今，对于我国猪肉生产者来讲，挑战多于机遇。以现在相对养猪水平比较高的城市郊区而言，就必须进一步提高自己的养猪水平，壮大自己的实力，做好猪粪的综合治理；而对于我国的广大农村，也要改变穷养猪的观念，改良品种，学习科学的养猪知识，以逐步提高养猪水平，提高市场竞争力。

（一）要科学养猪，首先要改变观念

我国是世界上养猪数量最多的国家，占全世界总数量的50％以上，因此，养猪业是一个大有可为的事业。养猪场和农村的养猪专业户虽然已开始重视品种改良、饲料营养和饲养管理，但还是不能从根本上改变许多老观念。随着时代的进步，市场经济的逐步成熟，养猪开始进入微利时代，养猪要赚钱，根本之道在于科学养猪。要科学养猪，首先要改变以下错误的养猪观念和养猪行为。

（1）**猪本身就是肮脏的** 认为猪吃得脏、睡得脏，消毒清洁卫生工作做得好与坏无所谓，待到猪生了病，病急乱投医，花再多的钱也愿意。

（2）**把疫苗当成药** 认为注射了疫苗，猪就不该发生相应的疾病，发病了，就认为是疫苗有问题，忽略了疫苗产生的抗体是有限的。环境病原体的污染是无限的，要保证疫苗产生的抗体有效抵抗环境中病原体的侵袭，必须加强平时的消毒工作。

（3）**把药当作万灵丹**　认为猪发生什么病，一定有相应的药可以治。平时，养猪户问得最多的是这样那样的症状是什么病，用什么药能治好。以为只要懂得给猪治病，就会养猪了。岂不知猪的病毒性疾病根本无药可治，就是有药可治的细菌性疾病等，由于药物的滥用，也已普遍产生抗药性，造成猪的许多细菌性疾病已不知用什么药更有效了。更何况猪发病大都是混合感染，少有典型症状。

（4）**消毒工作搞形式主义**　根本不考虑消毒的实际效果；带猪消毒不考虑猪发达的嗅觉和味觉。

（5）**贪图便宜购买廉价饲料和药品**　低价的饲料及药品往往是质次的，甚至买到的是假冒伪劣产品，喜欢用所谓的砷制剂、高铜制剂、吃了就睡的镇静制剂，特别是用所谓能改善肉色或瘦肉率的"瘦肉精"，在害别人的同时，也害了自己。所以不但要考虑猪的品种，还要求饲料、药品、添加剂和疫苗的质量好。

（6）**养猪搞投机**　不把它看作是必须长期坚持的事业。

（二）养猪赚钱，根本之道在于科学养猪

要科学养猪，就要抛弃旧的传统观念，突破养猪观念上的盲点，了解猪的生理特性、行为特点、品种特点，了解杂交优势和最佳杂交组合；掌握猪的防病治病技术。关键是要掌握如何让猪不发病，尽可能地降低各种成本。

要科学养猪，就要了解当前世界上最先进的养猪技术与经验，了解生产猪用产品的优秀企业公司，优秀产品的特点、使用方法及效果。不能抱着自己几十年养猪的老经验、老方法、老产品不放，拒新品种、新技术、新产品于千里之外，这样只

能使你的养猪水平停滞不前。成功的养猪者是其资产成功的管理者。只有科学养猪，才能使你的养猪事业在激烈的市场竞争中立于不败之地，获得最佳的经济效益。

（三）猪产品的安全与绿色保健消毒

我国畜禽产品生产已向着高科技、规模化、现代化和商品化转变，人均肉类和蛋类都超过世界人均水平，产量已占世界第一位。随着动物性食品消费短缺时代的结束，随着市场物质的不断丰富和人民生活水平的不断提高，社会对畜牧业食品的要求越来越高，市场由数量需求改变为质量需求，提出了"食品安全"即"绿色食品""有机食品"的要求，同样，猪产品也要求做到绿色安全。

1．猪产品安全

绿色、自然、安全的猪产品要求本身无污染、无残留、无病害。无污染，指的是指产品的原料（主要是饲料）在加工、运输、保存过程中无污染；无残留，是指药物、环境污染物、饲料添加剂没有在食品中有残留；无病害，是指来自没有病原菌感染、污染的畜禽。

2．造成猪产品污染的因素

（1）饲料污染

① 种植时的污染。饲料种植过程中的化肥、农药等的污染。

② 加工储存时的污染。饲料收割、加工、储藏过程中霉变产生毒素等。如黄曲霉素可致癌、致突变。

③ 动物饲料污染。动物肉骨粉中朊病毒污染、皮革蛋白粉中的有害物质污染。

④ 工业有害物质污染。工业废水、重金属、二噁英。

⑤ 环境污染。环境中的杀虫剂、除草剂、消毒剂、灭鼠剂、有机磷、有机氯、有机氟和汞、砷、铅等都可污染饲料、饮水、环境，进而将污染转移到肉食品中。

（2）药物残留 药物残留是指药物或其代谢废物以蓄积、储存或其他方式保留在动物细胞、组织、器官中的现象。由于畜禽用药与人体大致相同，但用药量要大得多，很容易在动物体内残留，造成急性中毒、产生过敏反应、致畸、致突变、破坏肠道菌群平衡、细菌耐药性增加等。许多人工合成的、非自然存在的化合物、药物都是很难降解的，这些物质通过动物排泄物进入自然界而长期留在地球上会随时对动物和人类构成威胁，一方面使动物基因突变；另一方面会使自然界的病毒、细菌等以优胜劣汰的规律，产生一批又一批能耐受这些药物的病毒、细菌，并加速病毒、细菌的变异，使疾病更难治疗。人体长期食用含有抗生素的食品和被抗生素污染的饮水，会产生交叉耐药性，人体一旦生病，将无药可治。主要的药物残留如下。

① 药物类。如磺胺二甲嘧啶能诱发人的甲状腺癌；氯霉素能引起人的骨髓造血功能损伤；苯丙咪唑药物能引起人体细胞染色体突变等。有些在人类使用的药物在畜禽大量使用，病菌所产生的抗药性将妨碍人体疾病的治疗。

② 激素类。"盐酸克伦特罗"由于能改善动物生产性能和胴体品质，曾被广泛运用，结果引起许多人中毒。肉中含有雌烯二醇、黄体酮、睾酮等激素会扰乱人的正常生理功能，导致性早熟并使人致癌。

③ 消毒剂。过量使用有毒以及有剧烈刺激性、腐蚀性、异味的非绿色环保消毒剂。并非毒性、腐蚀性越强消毒力就越好。如次氯酸钠不仅会腐蚀铁质的下水管道，大量进入自然水

域还会导致水中的盐含量增大，更会与自然界中的某些有机化合物起作用产生有毒的含氯化合物，如氯化氢等。甲醛、含氯化合物、过氧乙酸等会对人体呼吸道黏膜造成伤害。对畜禽上呼吸道黏膜造成伤害，反而会促使畜禽发病，有毒的消毒剂也会污染畜禽产品。

④ 饲料添加剂类。如高铜、高砷等大量使用既污染畜产品，也污染环境。

（3）猪的疾病　在猪只的饲养过程中，高密度集约化生产忽视了猪只的安全，猪病不仅危害猪的生命，而且会通过食品链危害人类。特别是人畜共患病，如疯牛病、口蹄疫、沙门杆菌等。

（4）产品的加工与储藏的卫生　产品的加工、储藏过程中，生产布局不合理，环境消毒不彻底，容器、工具、包装材料不卫生，间接造成猪产品被污染。

以上诸多因素，最主要的是疾病污染和药物残留。我国猪产品，包括其他畜禽产品在内，针对国外步步提高的技术壁垒，出口常常受阻的诸多因素中，除了受国际市场供求关系制约、进出口规模小、组织化程度低、肉类生产标准不统一、法律法规不健全外，主要也是疫病污染和药物残留。如何提供高品质、无污染、安全、无公害的畜禽产品，用传统饲养和疫病防治方法很难做到，只有建立生物安全体系才能从根本上控制疫病，解决疫苗、兽药滥用而疫病难以控制的问题，这是提高畜禽产品品质，增加畜禽产品出口的唯一出路。

生物安全除了环境控制（良好的选址）、人员控制（规章制度的执行）、畜禽控制（全进全出）、污物控制（垫料、粪便无害化处理）外，主要是绿色消毒措施和绿色保健措施，选择优秀、高效、无毒、无腐蚀性、无刺激性、不污染环境、无蓄积毒性的绿色消毒剂进行彻底的消毒工作；推行符合无公害标准的全价平衡饲料，特别推荐氨基酸平衡饲料，减少余氮排出时对环境的污染；选用优秀的绿色保健剂及保健措施，以提高畜禽的抗病力和免疫力，预防畜禽疾病，保证畜禽发挥最佳的生产性能是生物安全最有效的措施。

3. 绿色保健消毒

绿色保健消毒是控制猪疫病，消除药残，生产绿色安全产品的最有效、最经济的措施。

（1）**改变观念**　牢固树立生物安全、预防为主的正确观念，树立绿色保健消毒的观念，树立预防保健消毒胜过投药。消毒保健可以减少投药，投药不能代替消毒保健的观念。

（2）**加强管理**　用优秀保健剂提高畜禽本身的免疫力、抗病力以改善畜禽体内环境。注重消毒及饲养管理以改善畜禽体外环境，才能有效控制畜禽疫病，才能少用或不用药物，才能从根本上消除药物残留。

伴随着新食品标准的出台和市场竞争的不断激烈，养殖业已进入薄利时代，生产有机的、无任何药物残留、无病原污染的绿色食品，同时在生产过程中不污染环境是当务之急，也是今后畜牧业的立足之本。

三、猪场生产指标

我国目前先进的规模化猪场，生产线均实行均衡流水作业式的生产方式，采用先进饲养工艺和技术，其设计的生产性能参数，平均每头母猪年生产 2.2 窝，提供 20.0 头以上商品猪，母猪利用期平均为 3 年，年淘汰更新率 30％左右。商品猪达 90～100kg 体重的日龄为 161d 左右（23 周）。屠宰率 75％，胴体瘦肉率 65%。生产技术指标见下表。

生产技术指标表

项目	指标	项目	指标
配种分娩率	85%	24 周龄个体重	93.0kg
胎均活产仔数	10 头	哺乳期成活率	95%
出生重	1.2～1.4kg	保育期成活率	97%
胎均断奶活仔数	9.5 头	育成期成活率	99%
21 日龄个体重	6.0kg	全期成活率	91%
8 周龄个体重	18.0kg	全期全场料肉比	3.1

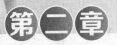

CHAPTER 2

猪场选址及猪场建设

一、场址的选择

猪场选址要远离村镇、交通要道，距离其他畜牧场 3km 以上；远离屠宰场、化工厂及其他污染源；向阳避风、地势高燥、通风良好、水电充足[万头猪场日用水量为(100～150)× 10^3 kg]、水质好、排水方便、交通较方便；最好配套有鱼塘、果林或耕地。建场前要了解当地政府 30 年内的土地规划及环保规划、相关政策，因地制宜配套建设排污系统工程。

1. 地势

猪场地势要求较高、开阔、干燥、平坦、背风向阳、有缓坡，最大坡度不能超过 25°。地面渗水性要好，地下水位要低，在 2m 以下，排水良好，土质坚实，冬暖夏凉。

2. 地理位置

场址应是交通较为便利、僻静的地方，但不宜靠近公路、工矿区和居民住宅区，以利防疫，避免污染。我国北方大部分地区猪场的适宜朝向以南偏东 15°为宜。

3. 水源

专业化养猪场应水源充足，水质符合人用水标准，无污染。

4. 面积

建场土地面积没有统一标准。有的猪场配套水产养殖和开展种植业生产，建场要按照实际情况来确定。

二、猪场布局

猪场布局采用四区式，即生产管理区、辅助生产区（饲料车间、仓库、兽医室、更衣室等）、生产区和隔离区。

生产区采用三点式，即繁殖、保育、育肥，相距 500m 以上；配种舍、怀孕舍、保育舍、生长舍、育肥（或育成）舍、装猪台，从上风向下风方向排列。配种舍要设有运动场。

1. 场区布局

根据采光、风向变化的特点，生产管理与生活设施应建在上风位置，粪便处理、病猪处理的隔离区应安排在下风位置（图 2-1），或建在风向平行线的猪场两侧，以保证人畜卫生安全。

道路应设净道、污道，并且要互相分开，互不交叉，便于运猪、运料。

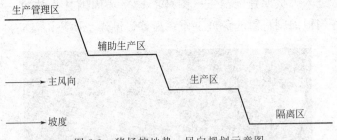

图 2-1　猪场按地势、风向规划示意图

2．场区与建筑物布局

在猪舍四周 8m 范围内，应避免有超过 3m 高的物体。一般要求在夏季少接受太阳辐射，舍内通风量大而均匀。冬季应多接受光照，减少冷风的渗透量。

猪舍之间的距离一般要求为猪舍墙体高的 3.4 倍。若从夏季主导风向考虑，使其与猪舍长轴有 30°～60°的夹角，则能使猪舍后面的窝风区减少，这样既可减少间距又能够使每排猪舍在夏季得到最佳的通风条件。

3．猪舍平面布局

猪舍最好采用双列式布局，朝向以南北排列为主，育肥猪也可采用同样的形式。自繁自养的场户，繁殖舍与育肥舍应单独布局。为了便于取暖，繁殖舍与仔猪培育舍可以建在同一栋猪舍内。

4．综合布局

在猪场布局中，应紧密结合种植业、养殖业，统一规划，综合开发利用，积极开展生态养猪，保护环境，实现良性生态循环，获取高的生态效益和经济效益。猪场大门需设消毒池并配备消毒机，车辆要消毒；设人员消毒室，进行紫外线照射消毒，进入人员要登记消毒（图2-2）；猪场周围禁止放牧，协助做好当地周围村镇的免疫工作；最好设围墙、防疫沟及防疫林。

图2-2　猪场入口的紫外线消毒灯

三、猪舍建筑

猪舍的建筑形式、猪舍的类型繁多，适宜华北地区的猪舍建筑主要有下列四种类型。

（1）**半坡开放式猪舍**　半坡开放式猪舍跨度较小，屋顶材料尺寸小，施工简便，舍内光照、通风较好，造价低。目前大多数养猪专业户、规模经营户及小型养猪场采用此种类型。

（2）**等坡半开放式猪舍**　等坡半开放式猪舍跨度较大，猪栏双列排列，结构紧凑，采光较好、利用率高，便于管理。但建材要求严格，造价较高。适合于土地紧缺、规模在100头猪以上的专业户和中小型猪场。

（3）**种养结合式猪舍**　这种结构在猪舍一侧没有基础墙，种菜一侧用竹栏围起，中间挂有无纺布隔帘。棚顶覆盖双层塑料薄膜，多为南北走向，光照时间长，棚内照度强，保温性好，土地利用面积大，用材省，施工简便，拆转、维修及棚内作业方便，造价低，收益高。适于地多、灌溉较便利的规模经营场户。

（4）**全封闭式猪舍** 猪舍双列排列，跨度7.30m，施工严格、质量较好，管理方便，占地少，价较高。适于土地少、规模较大的养猪场户（图2-3，彩图）。

图2-3 标准化猪舍外观

四、猪舍建筑的基本要求

猪舍的基本结构包括屋顶、顶棚、墙、地面、基础、门窗等。猪舍小气候的建立在很大程度上取决于猪舍的结构，尤其是外围结构。

1．基础

基础的埋置深度应根据猪舍的总荷载、地基的承载力、土层的冻胀程度及地下水情况而定。应将基础埋置在土层最大冻结深度以下。基础受潮是引起墙壁潮湿及舍内湿度大的原因之一，故应注意基础防潮、防水。

2．墙

墙是猪舍的主要结构，总的要求是必须坚固、耐久、抗震、防潮、抗冻，结构简单，便于清扫、消毒，保温性能与隔热性能良好。据测定，冬季通过墙散失的热量占猪舍总失热量的35%～40%。常见的猪舍墙有砖墙、石墙和土墙。草泥或土坯墙造价低，保温性好，但易于冲塌或损坏；石墙坚固耐用，导热性强，热容量低，保温性差；砖墙坚固耐用防潮，导热系数低，保温性好，适用于建筑永久性猪舍。

3．屋顶

屋顶是猪舍上部的外围结构。要求结构简单、轻便，坚固耐用，利于防水、防火，保温隔热性能好。草泥、炉渣、瓦混合屋顶，可防暑防寒，保温性好，适用于大部分地区的猪舍建筑。但目前较多见的是彩钢瓦保温泡沫板屋顶（图2-4）。

图2-4　猪舍保温泡沫屋顶

4．地面

猪舍的热量有 12%～17% 是从地面散失的。猪舍地面要求保温、坚实、不透水、耐腐蚀、不返潮、防滑、易于清扫消毒。

猪舍地面多由混凝土构成，坡度 3°～5°。为了防止猪体热大量地经地面散失，可在地表下层用孔隙较大的材料建造一个空气层，使地面具有较高的隔热性能。常用的材料有炉灰渣、膨胀珍珠岩等。在地下水位高的地区，还应在空气层的下面铺设防潮层，常用的材料有油毡、沥青等。

5．门、窗

猪舍门一般宽度 1.5～2.0m、高度 2.0～2.4m。窗户用于自然采光和通风，一般有两种，一种为 60cm×80cm，另一种为 1.5m×1.7m。

6．通道

猪舍内通道的宽度一般为 1.0～1.2m。要求坚实、平整、防滑，利于清洗、消毒。

7．猪舍顶部的骨架

猪舍顶部的骨架多用钢筋焊接。在南方地区最适宜的材料是竹子或竹片，能够弯曲，加工简单，轻巧价廉，来源广泛、耐潮湿，寿命较长。建造时可先在猪舍顶棚脊檐处固定 15cm×15cm 的方木条，每 80cm 取 8.0cm×1.5cm 的孔。再在距猪舍前墙 50cm 处，每 80cm，用 40cm 长的木桩固定，将竹片以 50° 的弧度上下衔接即可。

8．排污沟

50～100 头规模的猪舍，最经济适用的排粪沟为落地式。

其出粪口设在两猪栏对角，口宽 6cm、长 25cm，要有适度的坡度。粪池的 1/4 伸入墙基，3/4 在前墙基之外，池壁用 50cm×80cm×7cm 的预制板 3 块、30cm×50cm×7cm 和 90cm×90cm×7cm 的预制板备各 1 块，互相衔接，并用水泥浆抹光即可。100 头以上的猪舍排污沟设置在猪舍的排泄区，距猪栏前 15cm，沟宽 35cm、深 15～65cm，坡降 1.5%～2.0%。沟上面盖混凝土预制的露缝板或金属加工的露粪板。

五、猪舍内部设施

1. 猪栏

猪栏是规模化养猪的必备设备，用它饲养不同类型、不同日龄的猪群，形成猪场的基本单元。猪的饲养密度、饲养环境、饲养管理条件都与猪栏的形式、结构、材料、排列组合方式有密切关系。伴随着集约化养猪生产的进一步发展和对猪生物学特性的进一步了解，猪栏也在工艺方面不断改进和提高（图 2-5，彩图）。

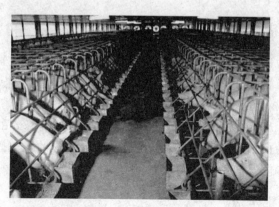

图 2-5　标准化猪舍内部

育肥猪、妊娠母猪、后备猪猪栏的标准规格为 3m×3m×1m，公猪栏标准规格为 3m×2.5m×1.2m（图 2-6～图 2-9）。有条件的场户猪栏可用金属制作，其光线好、通风好；养猪户可用水泥预制板制作，规格为 105cm×60cm×7cm，建筑时相互衔接，用水泥砂浆抹光。

图 2-6　母猪分娩栏

图 2-7　漏缝地面的中大猪栏（猪栏面积为 1.0～1.1m²/头，3%的地面倾斜度）

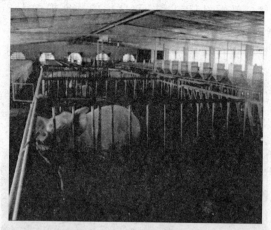

图2-8　公猪栏（面积为5.28m²/头，栏高为1.2m）

图2-9　后备母猪栏（面积为1.5m²/头，10头/栏）

2. 食槽

除保育仔猪外，其他猪的食槽均可用砖和水泥制成，当然也可以用不锈钢制成。分为限量饲槽和自动饲槽两种。在干饲料饲喂系统中，猪用限量饲槽和喂料机之间常常设有计量箱，用于限量饲喂，饲槽的形状要合理以便于猪采食和防止饲料浪费（图 2-10～图 2-13）。

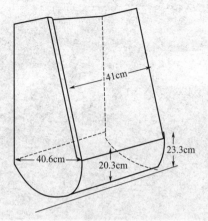

图 2-10　料槽设计尺寸

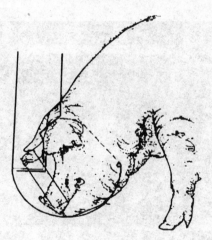

图 2-11　料槽设计示意图

3．饮水设备

猪用饮水器有以下几种。

（1）**鸭嘴式饮水器**　主要供仔猪、育成猪、育肥猪、种猪等饮水使用。特点是水流缓慢，供水充足，符合猪的饮水要

图 2-12　小猪自动饲料槽

图 2-13　分娩母猪的饲料器（半圆形的不锈钢饲料器，直径 30cm、宽 35cm）

求，不漏水，不浪费水。

（2）**乳头式饮水器**　这种饮水器结构简单，水中异物通过能力强。它的安装角度即饮水器轴线与地面的夹角，以90°为宜（图2-14）。

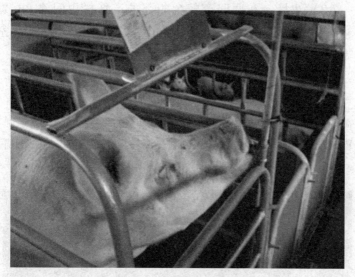

图2-14　猪正在用饮水器进行饮水

（3）**杯式饮水器**　此种饮水器在猪只饮水时，用嘴巴拱动压板，水便流出到杯盆中，供猪饮用。当猪离开后，弹簧复位，水便停止流出。

具体用哪一种饮水器，可根据养猪户实际情况，有自来水条件的场户，可安装乳头式饮水器；无自来水设备的场户，可安装自制水箱，配套饮水器，既可以节约用水，又可减少环境污染。

4．仔猪保温设施

一般中小型猪场、规模养猪户，最经济、实用的仔猪保温设施有三种。

（1）**火炕**　在繁殖母猪舍一侧（或通道）用水泥砖砌成高0.7m、宽0.8m、长1.5m的小火炕，火炕上面出入仔猪的一侧留高25cm、宽20cm的小门。启用时火炕上面铺上4cm

厚的垫草。

（2）**火墙**　在两间产仔舍相邻的产仔栏中间建 2m 宽、1.5m 高的火墙，并用砖砌成 80cm×80cm×60cm 的育仔室，靠母猪一侧留仔猪出入口。用火墙保温，室内温度均匀、持久，育仔效果好。

（3）**保温箱**　用木料或铁皮做成 70cm×70cm×60cm 的保温箱，在箱的上面安装一盏 250W 的红外线灯泡。用保温箱不占地方，消毒、清洗方便，适用于供电方便的中小型养猪场户（图 2-15；图 2-16，彩图）。

图 2-15　仔猪保温箱

（4）**通风设施**　通风设施主要包括地脚窗和排气孔两部分。地脚窗位于通道或猪栏的死角处，高 15cm、宽 25cm，可用 4mm 的铁皮制作，以防猪拱和鼠害；排气孔可用铁皮或砖做成，要求高不低于 40cm、内径 3~40cm，防贼风侵袭、防雨等。机械化程度高的可以设立横向或纵向的风扇（图 2-17、图 2-18）。

图 2-16　仔猪舍保温灯（250W 红外线灯）

图 2-17　猪舍横轴方向排风扇

图 2-18　猪舍纵向抽风风扇

CHAPTER 3

猪的营养和饲料

一、饲料原料质量的辨认

1. 鱼粉质量的快速鉴别

鱼粉是配合饲料最常用的优质动物性蛋白源，它含有较完全的必需氨基酸，适口性好，维生素含量也很丰富，在配合饲料中的用量很大。由于其用量大，价格也较高，所以掺假现象也特别严重。

（1）**形状** 优质鱼粉为粉状，含鳞片、鱼骨等，可见鱼肉丝，不应有过多颗粒及杂物，不应有结块及虫害。

（2）**色泽** 优质鱼粉有光泽，如加热过度或含脂量高，则颜色加深。墨罕敦鱼粉为淡黄色或淡褐色；沙丁鱼粉、鳀鱼粉为黄褐色，故又称"黄鱼粉"；北洋鱼粉、鳕鱼粉、鲽鱼粉为淡黄白色或灰白色，又称"白鱼粉"。

（3）**味道** 优质鱼粉有浓郁的烤鱼香味（甜香味）并稍带鱼油味，不应有酸败、氨臭及过热的焦味。优质鱼粉含盐量在 2% 左右，如果含盐量过高，入口会有苦咸味。

（4）**性状** 优质鱼粉无硬块，用手捏有疏松感、不成团、不黏结，放手后能恢复松散状。

（5）**容积重法** 任何物质都有一定的容积重，如果掺杂，容积重就会发生改变。正常优质鱼粉的容积重为 450～660g/L。

（6）**加热法** 用铝箔纸包着用火灼烧，由其产生的味道判别有无掺入皮革粉、羽毛粉、轮胎粉等；用锅炒，如有氨味，则掺有尿素；用电炉灼烧，如有干炒谷物的香味，则掺有植物性物质。

（7）**水溶法** 在烧杯中加入少量鱼粉及 10 倍左右的水，搅拌后静置数分钟。轻轻搅拌后观察，优质鱼粉上无漂浮物，下无沉淀物，水较透明；而劣质鱼粉则相反。一般情况下，漂浮物为羽毛物或植物性物质，沉淀物为砂石等矿物质。

（8）**镜（放大镜、显微镜）检法** 优质鱼粉可见鱼肌肉束（块），且越多越好；有玉白色鱼骨，但不应太多；可见同心环形薄而透明的鳞片；可见小球状鱼眼球。鱼粉中掺假物的镜检判别。

① 如见有呈棋格状纹或规则的长方形块状物，则可能掺有稻谷壳（米糠）。

② 如见有厚实、多层、凹曲壳的小块，则可能掺有棉籽饼粕。

③ 如见有残存的浅黄色、弧形面的羽枝、羽杆、羽毛，则可能掺有水解羽毛粉。

④ 如见有红色块状或鲜红色的小球状物，则可能掺有血粉。

⑤ 如见有云母片状的壳，则可能掺有虾壳粉。

⑥ 如有方形或不规则、灰白色、不透明或半透明的颗粒状物，可能掺有贝壳粉。

⑦ 如有外层多孔、橘红色、布有蜂窝状、小盖状的壳，

则可能掺有蟹壳粉。

⑧ 如见有白色丝状、锯末状物，则可能掺有皮革粉。

（9）掺有植物质的检测

① 取鱼粉 1～2g 于 50mL 烧杯中，加入 10mL 水，加热 5min，冷却，滴入 2 滴碘-碘化钾溶液，观察，如溶液立即变蓝或变黑蓝色，则表明掺有植物质。

② 取试样 1g 置表面皿中，用间苯三酚溶液浸湿，放置 5～10min，滴加浓盐酸 2～3 滴，观察，试样呈深红色，则表明掺有木质素。

（10）掺入尿素的检测　取样品 20g 于烧瓶中，加入 10g 生大豆及适量水，加塞后加热 15～20min，去塞，如闻到氨气味，则有尿素。

（11）掺有碳酸钙（石灰石）、贝壳粉、虾蟹壳粉的检测　在烧杯中加入少量鱼粉，滴加适量稀盐酸或白醋，如有大量气泡产生并发出吱吱声，证明有上述物质中的至少一种（产生气泡量的多少顺序是碳酸钙＞贝壳粉＞虾蟹壳粉＞肉骨粉＞鱼粉）。

（12）植物纤维与鱼肌纤维的区别　少许样品置烧杯中，加入适量氯化锌液，搅拌，静置 10min。观察颜色的变化，植物纤维样品的颜色加深，而鱼肌纤维样品颜色则保持不变。

2．豆粕质量的快速判断

豆粕是配合饲料最常用的植物性蛋白源，一般用量都较大，所以它对饲料成品的影响也较大。

（1）形状　优质纯豆粕呈不规则碎片或粉状，偶有少量结块。而掺入了沸石粉、玉米等杂质后，颜色浅淡，色泽不一，结块多，可见白色粉末状物。

（2）**色泽** 优质豆粕为淡黄褐色至淡褐色，色泽一致。如有掺杂物，则有明显色差。如果色泽发白多为尿毒酶过高，如果色泽发红则尿毒酶偏低。淡黄色豆粕是因为加热不足，暗褐色或深黄色豆粕是因为过度加热所致，品质均较差。

（3）**味道** 优质豆粕具有烤豆香味，不应有腐败、霉坏或焦化味、生豆腐味及豆腥味（新生产的豆粕有豆腥味）。而掺入了杂物的豆粕闻之稍有豆香味，掺杂量大的则无豆香味。加热严重过度时有焦糊味；加热不足的含在口中则有生大豆的腥味。

（4）**经验法** 水分含量适中的豆粕用手抓时散落性好，水分过高的豆粕用手抓则感发滞。绝大多数掺杂物都有颗粒细、比重大、价格低廉的共同特点，豆粕中如有掺假物，包装体积通常会变小，而重量则增加，可通过包装体积的大小来判别原料是否正常；粉碎时，假豆粕粉尘较大，装入玻璃杯中粉尘会黏附于瓶壁，而纯豆粕无此现象。

（5）**容重法** 正常纯大豆粕的容积重为 $594\sim610g/L$（片状 $490\sim640g/L$，粉状 $300\sim370g/L$）。将所测样品容重与之相比，若超出较多，说明该豆粕掺假。

（6）**水溶法** 取样品少量，加适量水，搅拌，静置数分钟。泥土使水变混浊，砂石、其他矿物则沉水底，麦皮漂浮于水面。

（7）**镜检法** 纯豆粕镜检时可见外壳内外表面光滑，有光泽，并有被针刺时的印记。当豆粕中有玉米、麦麸、棉籽饼、贝壳粉、花生壳等掺假物时镜检可见以下情况。

① 玉米粒皮层光滑，半透明，并带有似指甲纹路和条纹，这是玉米粒区别于豆仁的显著特点，另外，玉米粒的颜色也比豆仁深，呈橘红色；

② 麦麸中麦片外表面有细皱纹，部分有麦毛；

③ 棉籽饼中的碎片较厚，断面有褐色或白色的色带呈阶梯形，有些表面附有棉丝；

④ 贝壳粉颗粒方形或不规则，色灰白；

⑤ 花生壳有点状或条纹状突起，也有呈锯齿状的。

3. 玉米质量的快速判断

玉米是配合饲料主要的植物性能量源，在禽畜饲料中的用量较大，它的淀粉结构很好，用其来制作膨化饲料能取得较好的效果。

（1）**形状** 优质玉米颗粒整齐均匀，水分高的玉米粒形膨胀、光泽性强。

（2）**色泽** 黄玉米为淡黄色至金黄色。

（3）**味道** 玉米味甜，初粉碎时有生谷味，但无酸味和霉味。

（4）**触觉判别** 通过用手对玉米粒捻、压、捏感觉其软硬。通过用牙咬，判断其硬度，通过发出声音的高低判断其水分高低。在安全水分状态下，玉米脐部收缩，明显凹下，有皱纹，咬碎时震牙并有清脆的声音，用指甲掐较费劲，握于手中有刺手感。

（5）**容重法** 正常的玉米容积重为 690～750g/L。

（6）**经验法**

① 破碎法。玉米一经破碎，即失去其天然保护作用，极容易变质。

② 变质的先兆。玉米发霉的第一征兆是轴变黑，然后是胚变色，最后是呈烧焦状。

（7）**镜检法** 玉米粒皮层光滑，半透明，并带有似指甲纹路和条纹，这是玉米粒区别于豆仁的显著特点，另外，玉米粒的颜色也比豆仁深，呈橘红色。

（8）**化学判别**　当怀疑玉米粉中掺有生石灰时，可将少量稀盐酸滴入，如发生泡沫即为掺有生石灰或贝壳粉等矿物质。

4．花生粕、菜籽粕、棉籽粕、次粉、麦麸、米糠质量的判断

花生粕、菜籽粕、棉籽粕、次粉、麦麸、米糠等原料因价格不高，一般人为的掺假现象较少，主要注意其纯度、鲜度及水分含量等自身质量问题。

花生粕的饲用价值仅次于豆粕，蛋白质和能量都较高，但氨基酸的组成和比例不甚合适。正常的花生粕呈新鲜的黄褐色或浅褐色，有熟花生的香味，适口性好。水分应控制在 12% 以下。

菜籽粕和棉籽粕都是较廉价的高蛋白原料，但因本身有毒性，故用量受到控制。正常的菜籽粕为黄褐色、红褐色或灰黑色，呈碎片、碎粒或粗粉状，内部含有呈圆球形、红褐色、灰黑色或深黄色的菜籽。质脆易碎，无光泽，具有菜籽香味，味苦。一般是外观越红，蛋白含量越低。水分应控制在 12% 以下。

棉籽粕一般呈淡褐色、深褐色或微黑色，粉状或小团。在显微镜下可见棉籽外壳碎片上有半透明、白色有光泽的纤维。主要注意棉绒的含量，含量越多则品质越差。

次粉是小麦制粉的副产品，为浅白色至褐色细粉末状，水分不应超过 13%。有些水产饲料要求次粉达到一定的筋度，则要另行进行面筋的检测。

麦麸富含维生素，正常的麦麸应是淡黄色至红灰色，色泽新鲜一致，细碎屑状，麸皮不应太大，否则品质下降。有粉碎

小麦特有的气味，无发酵、霉变、结块、异味。与米糠类似，它结构疏松，容积重小，易吸湿结块，流动性差。粗脂肪比米糠低，因而储存期可比米糠长一些，但不宜超过 1 个月。易发热、生虫，高温高湿下易变质，入库水分应控制在 13％以下。

米糠为淡黄色或褐色的粉状或粗粉状，略呈油感，含有微量碎米、粗糠，有米糠独特的香味，无异味，无虫蛀，无结块，粗糠不能太多，否则品质差。容积重为 220～320g/L。因其油脂较高（12％～15％），故极易酸败、易氧化、易发热及发霉，不能储存太久。且吸水性强，故要注意储存在干燥处、湿度不能过大（70％～80％为宜）的地方，储存期以 20d 为限。水分应控制在 13％以下。

二、猪饲料的营养及发展

猪的营养是一门阐明营养物质摄入与猪生命活动和猪生产之间的关系的科学。

现代动物营养学的科学应用，是提高和保障猪养殖经济效益的关键，亦与人类健康密切相关。

（一）我国动物营养与饲料业发展情况

据史料记载，公元前 6000～公元前 2000 年的新石器时代，随着圈养牲畜的出现，我国就已经有了饲料的萌芽。

在秦汉时期《淮南万毕术》中记载了我国历史上第一个饲料配方："取麻子三升，捣千余杵，煮为羹，以盐一升著中，和以糠三斛（十斗或五斗为一斛）饲喂，则肥也"。

在现代的 1926 年北京农业学校成立了"动物营养研究室"，开始从动物营养理论角度研究饲料的营养价值。

我国的现代饲料工业起步于 20 世纪 70 年代中后期，兴起于第六个五年计划时期，经过第七、第八、第九三个五年计划的建设，已经建成了集饲料加工工业、饲料添加剂工业、饲料原料工业，以及饲料教育、推广、培训、标准、监督检测等为一体的完整的饲料工业体系。

（二） 我国饲料工业发展趋势

"绿色饲料"才是 21 世纪饲料工业发展的方向。要规范饲料中抗生素的使用，减少动物排泄物对环境的污染，能通过饲料的营养调控改善畜、禽产品品质。

（三） 我国饲料工业持续发展面临的问题

饲料资源短缺，饲料工业还缺乏有效的宏观调控手段。基础薄弱、科技水平还较低。饲料工业标准及法规还不够健全，监督、检测体系还有待加强。同时饲料工业食品安全意识和环保意识还有待提高。

三、饲料的组成

（一） 饲料中的营养成分

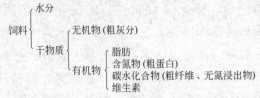

养分是指能用于维持动物生命活动与促进动物生产的物质。养分包括水分、粗蛋白质、粗脂肪、粗纤维、无氮浸出物

和粗灰分（其中每一类都包含有相当复杂的多种物质，所以常称之为"粗养分"）。

（二）饲料的组成成分

1．水分

饲料中水的存在形式分自由水和结合水两种。自由水是一种具有与普通水一样的热力学运动能力的水，也称为游离水。结合水即与饲料中的蛋白质、碳水化合物等胶体物质紧密结合在一起，而不能自由运动的水。

2．矿物质——粗灰分

粗灰分是指饲料中全部的无机元素的氧化物或盐类，是饲料样品在 $550 \sim 600℃$ 下灼烧至恒重后剩下的残渣。

3．含氮物——粗蛋白质

粗蛋白质是指饲料中所有含氮物质的总称，它包括真（纯）蛋白质和非蛋白含氮物（NPN）两部分。非蛋白含氮物（NPN）又包括游离氨基酸、肽类、酰胺、铵盐、硝酸盐等。

例如，几种饲料的 NPN 占总氮的百分比：青饲料 40%，甜菜 50%，青贮饲料 $30\% \sim 60\%$，马铃薯 $30\% \sim 40\%$，麦芽 30%，成熟籽实 $3\% \sim 10\%$。

4．粗脂肪

粗脂肪是指饲料干物质中能溶于乙醚的所有物质的总称，它包括真脂肪（甘油三酯）和类脂质。

类脂质包括游离脂肪酸、磷脂、糖脂、脂蛋白、树脂、固醇类、类胡萝卜素和脂溶性维生素等。

5. 粗纤维

粗纤维是植物细胞壁的主要成分，它主要由纤维素、半纤维素、木质素、多缩戊糖、角质等组成。

6. 无氮浸出物

无氮浸出物是饲料干物质中除了粗蛋白质、粗脂肪、粗纤维和粗灰分以外，其他所有物质的总称，它主要包括多糖类的淀粉、双糖、单糖等。

四、常用的猪饲料原料

（一）能量饲料

1. 玉米

① 能量高，代谢能（猪）14.27MJ/kg。非蛋白质含氮物含量高（74%~80%），且主要是淀粉，粗纤维少，2.0%，消化率高。

② 粗蛋白（CP）含量低，7.2%~8.9%，且品质差，赖氨酸、色氨酸、蛋氨酸含量低。

③ 含有较高脂肪（3.5%~4.5%），亚油酸含量在2%左右，是谷物类饲料最高者，若玉米占日粮50%的比例，可满足畜禽亚油酸的需要量。

④ 黄玉米含有胡萝卜素和叶黄素，也是维生素E的良好来源，B族维生素中除硫胺素含量丰富外，其他维生素含量很低。不含维生素D。

⑤ 钙含量低，磷含量虽然高，但大部分以植酸磷的形式

存在，猪的利用率低。

使用注意事项：饲喂前要粉碎，但不宜久储，1周内喂完为好；禁止饲喂霉变玉米，如果使用必须注意去毒（图 3-1，彩图）；不宜过量使用，否则会导致过肥，出现软脂。一般用量 60％左右。

图 3-1　发霉玉米

2. 小麦麸

小麦麸的营养价值主要取决于麦麸质量。生长育肥猪日粮麸皮用量为 15％～25％，断奶仔猪日粮用量大，会引起拉稀，一般不超过 10％。妊娠母猪日粮中占 25％～30％。

麦麸中粗纤维为 8.5％～12％，能量较低（ME 为 10.5～12.6MJ/kg），粗蛋白质 12.5％～17％，氨基酸组成好于小麦。B 族维生素含量高，麸皮中钙少磷多，钙与磷的比例极不平衡。

由于含适量粗纤维和硫酸盐类，具有轻泻作用，产后母猪喂给适量的麸皮粥可以调节消化道功能。

3. 米糠

营养价值与白米加工程度有关，加工米越白，胚乳中物质进入米糠越多，米糠的能量就越高。粗蛋白质 12.8%，粗脂肪含量 16.5%，粗灰分 7.5%。钙与磷比例相差悬殊，钙少磷多。

注意：储存时间长脂肪会酸败，幼龄仔猪易发生腹泻，育肥猪会出现软脂。一般生长猪日粮中用量为 10%～15%，大猪可达 30%

（二）蛋白质饲料

1. 豆饼（粕）

蛋白质含量 40%～50%，赖氨酸含量 2.45%～2.70%，赖氨酸含量是所有饼、粕类饲料中最高者，但蛋氨酸含量少，适口性好；粗纤维 5% 左右，能值较高；富含烟酸与核黄素，胡萝卜素与维生素 D 含量少；钙不足。

大豆和生豆饼、生豆粕中含有以下抗营养因子：胰蛋白酶抑制因子、凝集素、皂角素。大豆饼（粕）在日粮中用量一般在 20% 左右。

2. 菜子饼（粕）

蛋白质 34%～38%，蛋氨酸含量（0.58%）仅次于芝麻饼（0.81%），名列第二，精氨酸含量（1.75%）在饼粕类饲料中最低，然而硒的含量在植物性饲料中最高。

含有硫葡萄糖苷，种子破碎后在一定水分和温度的条件下，经芥子酶的作用，被水解成有害物质硫氰酸盐和异硫氰酸盐。

一般妊娠母猪、哺乳母猪日粮中菜籽饼尽量不用或不超过3%；生长肥育猪5%～8%；若是白菜型品种菜籽饼，在日粮中可适当提高其用量，生长育肥猪15%。

3．花生饼（粕）

代谢能水平是饼粕类饲料中最高的，蛋白质达50%左右，适口性好，精氨酸含量5.2%，在所有动、植性饲料中最高。但赖氨酸和蛋氨酸很低，易变质，不宜久储，易发霉，产生黄曲霉毒素，对幼猪毒害最甚。

用量：肉猪不超过10%，哺乳仔猪最好不用，其他阶段猪不超过4%。

4．鱼粉

因原料不同，其营养价值有很大差别。进口鱼粉蛋白质含量62%～65%，且品质好，含硫氨基酸含量2.5%，赖氨酸含量4.9%；脂肪含量不超过8%；维生素A、维生素D和B族维生素多，特别是维生素B_{12}含量高；矿物质量多质优，钙4.0%，磷2.85%。食盐含量低于4%；还含有未知生长因子。使用注意事项如下。

① 要选择使用优质鱼粉，颜色为金黄色，芳香鱼腥味，不带霉变味、焦味。

② 其用量为2%～8%，不超过10%，最好控制在3%以内。

③ 由于易酸败，易引起幼猪腹泻；生长育肥猪后期不用或少用，会产生软脂，屠宰前1月停喂，以防肉质出现异味。

（三）矿物质饲料

1．食盐

补充钠与氯，提高适口性。用量0.2%～0.5%。

2．石粉

钙的含量要求在 35％以上，镁不得超过 0.5％，砷不超过 2mg/kg，铅不超过 10mg/kg，汞不超过 0.1mg/kg，镉不超过 0.75mg/kg，氟不超过 2000mg/kg。

3．磷酸氢钙

钙磷比例约为 3：2，接近动物需要平衡比例。其钙含量 23％以上，含磷 16％以上。

（四）添加剂

1．营养性添加剂

① 维生素添加剂。添加量甚少，仅占万分之几。但作用极为显著。常用单维生素或多维生素。

② 微量元素添加剂。容易缺乏的主要有铁、铜、锌、锰、碘、硒等。给猪配合饲料时，需另外添加微量元素。常用的原料主要有无机矿物质、有机酸矿物盐、氨基酸矿物盐。

③ 氨基酸添加剂。主要包括赖氨酸、蛋氨酸、色氨酸和苏氨酸。

赖氨酸：为猪饲料第一限制性氨基酸，主要使用 L-赖氨酸盐。

蛋氨酸：主要使用 DL-蛋氨酸，是猪的常用蛋氨酸，与胱氨酸配合使用。

2．非营养性添加剂

包括抗氧化剂、防霉剂、促生长添加剂、驱虫和抗球虫添加剂、其他饲料添加剂等。

（五）配合饲料

1．配合饲料分类

① 按营养成分和用途可分为添加剂预混料、浓缩料、全价配合饲料。

② 按饲料物理形态可分成粉料、湿拌料、颗粒料、膨化料等。

③ 按饲喂对象可分成乳猪料、断奶仔猪料、生长猪料、育肥猪料、妊娠母猪料、泌乳母猪料、公猪料等。

2．饲料配合原则

① 选择饲养标准应根据生产实际情况，并按猪可能达到的生产水平、健康状况、饲养管理水平、气候变化等适当调整。

② 因地制宜，因时制宜，尽量利用本地现有饲料资源。

③ 注意饲料适口性，避免选用发霉、变质或有毒的饲料原料。

④ 注意考虑猪的消化生理特点，选用适宜的饲料原料，并力求多样化搭配。

⑤ 配合饲料要注意经济原则，尽量选用营养丰富、质优价廉的饲料原料。

3．饲料配合方法

常用的主要有对角线法和试差法。现在多采用计算机软件设计配合。

4．浓缩料和复合预混料配方的配制方法

全价料、浓缩料、预混料的配方见表3-1。

表 3-1　全价料、浓缩料、预混料的配方

组分	全价料	浓缩料	3%～4%预混料	1%预混料
能量饲料	√	—	—	—
蛋白质饲料	√	√	—	—
钙盐、磷酸盐、食盐	√	√	√	—
维生素预混物	√	√	√	√
微量元素预混物	√	√	√	√
氨基酸	√	√	√	√
药物	√	√	√	√
保质剂	√	√	√	√

例如，现有 20～60kg 体重猪的全价料配方，设计的 1%
预混料配方。

玉米 65.35%，麸皮 10.70%，豆粕 15.5%，菜粕 6.0%，
磷酸氢钙 0.7%，石粉 1.1%，食盐 0.35%，微量元素 0.2%，
L-赖氨酸 0.1%。每吨配合料加入维生素 150g，喹乙醇 50g，
50%胆碱 800g（表 3-2）。

表 3-2　1%预混料配方

预混料组成	配合日粮中的比例	1%预混料的比例
微量元素	0.2%	20%
L-赖氨酸	0.1%	10%
维生素	0.015%	1.5%
喹乙醇	0.005%	0.5%
50%胆碱	0.08%	8%
麸皮（载体）	0.6%	60%
合计	1%	100%

注：载体用量从全价料麸皮中扣除。

五、猪营养需要

（一）种公猪的营养需要

体重 75kg 以前的后备公猪饲养管理与生长猪相同；体重

75kg 以上的后备公猪逐步改喂公猪料。

种公猪的营养需要与妊娠母猪相近，在良好的环境条件下，种公猪日粮的安全临界为消化能 12.55MJ、蛋白质 13%、赖氨酸 0.5%、钙 0.95% 和磷 0.80%，每天单独喂 2～3 次，日饲喂量为 2.3～3.0kg。同时，要根据品种、体重大小、配种强度、圈舍、环境条件等进行适当的调整。

饲养种公猪能够保持其生长和原有体况即可，不能过肥。过于肥胖的体况会使公猪性欲下降，影响配种能力，还会产生肢蹄病（图 3-2，彩图）。

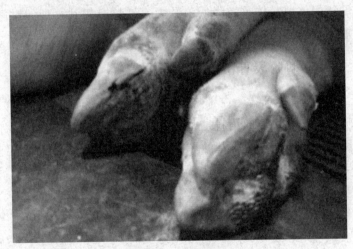

图 3-2　猪肢蹄病

（二）母猪的营养需要

1. 营养对母猪生产力的影响

（1）营养缺乏或过剩的影响　明显的养分不足或过剩都会影响种猪的繁殖性能。饲料中能量和蛋白质的不足很难鉴别，它们常与其他养分不足相伴，一起作用。如果母猪哺乳期间的能量摄入受到限制，背膘的储存就会减少，加剧体重的下降，影响了母猪的受胎率，延长了再配的时间。

（2）**维生素和矿物质的明显不足或过剩** 同样会降低繁殖性能，如维生素 A 不足，将导致母猪吸收胎儿或生产病弱、畸形仔猪。日粮中的必需养分要有一个适宜的量和平衡的比例。一定要提供足够的能量、蛋白质、维生素和矿物质，以获得最大的繁殖力。

如果使用任何一种养分不足的日粮饲喂母猪，将导致以下后果：降低受胎率；减少产仔数；降低初生重和仔猪活力；降低母猪的体况与体重；降低泌乳力；延长断奶到再配的时间；缩短母猪的使用年限。

2．不同阶段母猪的营养需要

（1）**后备母猪** 在青年母猪发育时期，饲喂含有全价蛋白质和氨基酸平衡的饲料是非常重要的。提供生长发育所需的能量、蛋白质；注意氨基酸平衡；增加钙、磷用量；补充足量的与生殖活动有关的维生素 A、维生素 E、生物素、叶酸、胆碱等。

日粮要求含消化能 12.96MJ/kg、粗蛋白 15%（最好16%）、赖氨酸 0.7%、钙 0.95% 和磷 0.80%。为了使后备猪更好地生长发育，有条件的猪场可饲喂些优质的青绿饲料。

80～90kg 的后备母猪，通常能量摄取水平限制在25.12MJ/d。还应限制饲喂并加强维生素和矿物质的供给，且蛋白质应达到 14%。选种后采取自由采食，至少应经历两个发情周期，体重要达到 115～125kg，背膘厚达 17～20cm。

（2）**妊娠母猪**

① 能量。妊娠前期体重小于 90kg，能量摄取水平为

17.57MJ；90～120kg，能量摄取水平为 19.92MJ；120～150kg，能量摄取水平为 22.26MJ；大于 150kg，能量摄取水平为 23.43MJ。

妊娠后期体重小于 90kg，能量摄取水平为 23.43MJ；90～120kg，能量摄取水平为 25.77MJ；120～150kg，能量摄取水平为 28.12MJ；大于 150kg，能量摄取水平为 29.29MJ。

② 蛋白质及其他营养物。一般认为，妊娠期母猪日粮中的粗蛋白质最低可降至 12％。蛋白质需要与能量的需要是平行发展的。钙、磷、锰、碘等矿物质和维生素 A、维生素 D、维生素 E 也都是妊娠期不可缺少的。妊娠母猪的饲粮中应搭配适量的粗饲料，最好搭配品质优良的青绿饲料，使母猪有饱感，防止产生异食癖和便秘，还可降低饲养成本。饲料中可含 10％～20％的粗纤维。

③ 妊娠母猪饲养水平的影响因素。母猪的体格越大，其维持需要就越大，对饲料要求的数量就越多。母猪体重每增加 10kg，则能量需求就要增加 5％。母猪的肥胖程度会直接影响配种和妊娠效果，要想办法使妊娠母猪保持中等肥瘦（表 3-3、图 3-3）。

表 3-3　妊娠母猪饲养表

体重/kg	料量/(kg/d)	预计增重/kg
120	2.0	30
140	2.1	25
160	2.2	25
180	2.3	20
200	2.4	20
220	2.5	20
240	2.6	15

20℃是母猪生长要求的下限临界温度，如果低于 20℃，

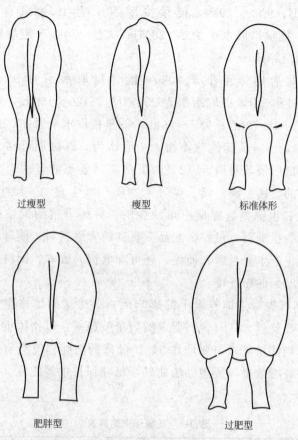

过瘦型　　　　　　瘦型　　　　　　标准体形

肥胖型　　　　　　　　　过肥型

图 3-3　母猪肥胖要适度

则需要给予一个高的营养水平，否则会导致体重下降。

　　母猪在群饲的情况下，应当给予的饲料量要比单饲高15%，以保证所有母猪的采食量。母猪要进行常规驱虫，以保证母猪摄入的饲料真正用于生产。

　　④ 妊娠母猪饲养方案的评估。在妊娠期，体重应有一个正常的增长（10kg）。体重的下降必将伴随着体脂储备下降，将会影响泌乳，增加断奶至再配的间隔（表 3-4）。

表 3-4　妊娠母猪的增重组分

组分	增重/kg
仔猪(10.0头,1.4kg/头)	14.0
胎膜	2.5
羊水	2.0
子宫	3.3
乳房	3.4
母猪本身	10.0
合计	35.2

妊娠母猪的饲养管理水平会影响胚胎与胎儿的生长发育（表 3-5）。

表 3-5　不同胎龄胚胎的重量占初生重的比例

胎龄/d	胎重/g	占初生重/%
30	2.0	0.05
40	13.0	0.90
50	40.0	3.00
60	11.0	8.00
70	263.0	19.00
80	400.0	29.00
90	550.0	39.00
100	1060.0	76.00
110	1150.0	82.00
出生	1300.0~1500.0	100.00

（3）泌乳母猪

① 营养需要特点。除维持需要外，每天还要产奶 5~8kg。若供给的营养物质不足，就会导致母猪的失重超出正常范围，影响泌乳，影响断奶后再发情和连续利用。

② 美国科学研究委员会（NRC）标准（第十版）。代谢能（ME）14.24MJ/kg，粗蛋白质（CP）17.50%，钙 0.75%，磷 0.35%

③ "低妊娠高哺乳"的营养观点。国外对妊娠母猪营养需要的研究认为，如果妊娠期营养水平过高，母猪体脂肪储存较

多，是一种很不经济的饲养方式。因为母猪将饲粮蛋白合成体蛋白，又利用饲料中的淀粉合成体脂肪，需消耗大量的能量，到了哺乳期再把体蛋白、体脂肪转化为猪乳成分，又要消耗能量。因此，主张降低或取消泌乳储备，采取"低妊娠高哺乳"的饲养方式。

3.营养需要

（1）**能量需要**　研究表明，发情母猪采食量与排卵数之间存在着正相关，采食量大，营养摄入量高，排卵数多。同时，配种前营养水平的高低可影响卵母细胞的质量及其发育能力，提高营养水平可改善卵母细胞的质量，提高早期胚胎的成活率。因此，母猪配种前必须进行充分饲喂，以提高排卵数和卵母细胞的质量（表3-6）。

表3-6　配种前能量采食量对母猪排卵数的影响

指标	高能量	低能量
实验猪头数/头	36	36
每头每天 DE(消化能)采食量/MJ	42.8	32.4
排卵数/个	13.7	11.8

（2）**短期优饲**　配种前为促进发情排卵，要求适时提高饲料喂量，对提高配种受胎率和产仔数大有好处。尤其是对头胎母猪更为重要。

对于产仔多、泌乳量高或哺乳后体况差的经产母猪，配种前采用"短期优饲"办法，即在维持需要的基础上提高50％～100％，喂量达 3～3.5kg/d，可促使排卵。

对后备母猪，在准备配种前 10～14d 加料，可促使发情，多排卵，喂量可达 2.5～3.0kg/d，但具体应根据猪的体况增减，配种后应逐步减少喂量。

配种前20d内给予高能量水平的母猪，其排卵数可增加0.7～2.2个（表3-7）。

表3-7　妊娠早期饲喂水平对胚胎成活率的影响

指标	高能量/[45.5MJ/(头·d)]	低能量/[22.9MJ/(头·d)]
排卵数/个	13.8	12.3
胚胎数/个	10.1	9.7
胚胎存活率/%	73.2	78.3

研究还表明，配种前较高营养水平也可提高青年母猪的排卵数和卵母细胞的质量。经产母猪从仔猪断奶到再次配种的短期加料可提高受胎率。但配种后若继续高水平饲喂会降低胚胎的成活率（表3-8）。

表3-8　妊娠早期饲喂水平对血浆孕酮水平和胚胎成活率的影响

饲喂水平/[kg/(头·d)]	血浆孕酮/(μg/mL)	胚胎成活率/%
1.50	16.7	82.8
2.25	13.8	78.6
3.00	11.8	71.9

从表3-8可以看出，母猪的胚胎成活率与发情开始后3d内的血浆孕酮含量成正比；营养水平与血浆孕酮含量成反比，即营养水平越高，孕酮水平越低，胚胎成活率越低，反之营养水平低，孕酮水平高，胚胎成活率高。

因此，配种后头3d，母猪必须进行严格限制饲喂，以提高胚胎成活率。

（3）**蛋白质的供给**　蛋白质的供给既要考虑数量，又要考虑品质，一般要求饲粮粗蛋白质为12%。

（4）**矿物质**　母猪对钙的不足极为敏感，缺钙时会造成受胎率低，产仔数少。因此，在日粮中应供给钙15g、磷10g、食盐15g。

（5）**维生素**　每千克饲粮应供给4000IU的维生素A、230IU的维生素D、11mg的维生素E。另外，泛酸、烟酸、

维生素 B_{12} 也是母猪不可缺少的。

（三）仔猪的营养需要

仔猪的营养需要变幅较大，主要受仔猪生长潜力、年龄、体重、断奶日龄、饲粮原料组成、健康状况、环境等影响。

哺乳仔猪的能量需要能从母乳和补料中得到满足，补料中能量应为 14.64MJ/kg，一般在 13.81～15.06MJ/kg。能量与蛋白质沉积间有一定比例关系，只有合理的能量与蛋白比才能保证饲料的最佳效率。

由于仔猪胃肠道尚未发育成熟，应供给易消化、生物学价值高的蛋白质，且还要考虑氨基酸含量及比例。特别要注重赖氨酸、蛋氨酸、色氨酸、苏氨酸的添加。

猪至少需要 13 种矿物质元素，包括常量元素和微量元素。特别要注意钙磷比例及铁、铜、锌、硒、碘、锰等的添加。

饲养标准中的维生素推荐量大多是防止维生素临床缺乏症的，由于维生素本身的不稳定性和饲料中维生素状况的变异性，实践中添加量大都要超量。在玉米-豆粕型日粮中，最易缺乏或不足的维生素主要有维生素 A、维生素 D、维生素 E、核黄素、烟酸、泛酸和维生素 B_{12}，有时还会出现维生素 K 和胆碱不足，生产上有时还要添加维生素 B_6 和生物素，以防其缺乏。

第四章

不同类型(时期)猪的饲养管理技术

　　猪只的类型不同，饲养的时期不同，其饲养管理的技术也有较大的差异，但是，对于规模猪场必须保证如下几个参数指标。

　　① 年产窝数为 2.0～2.2～2.5 窝。

　　② 哺乳期为 21～28d。

　　③ 窝均活仔数为 11 头。

　　④ 仔猪哺乳期成活率达到 92％。

　　⑤ 成活率。保育期成活率为 95％；育肥期成活率为 98％。

　　⑥ 母猪配种分娩率 85％。

　　⑦ 断奶到再配间隔 5～7d。

　　⑧ 种猪年更新率为 30％～35％。

　　⑨ 料重比。全程料重比为 2.3～2.6，全群料重比 2.8～3.2。

一、各类猪饲养管理的原则与喂料标准及工作流程

（一）饲养管理原则

不论是公猪、母猪、仔猪、育肥猪等必须掌握以下共同的原则（十大原则）。

1．科学配制日粮

猪体需要的各种营养物质均由饲料来供给，而各种饲料中所含的营养物质种类与数量是不一样的，因此，应根据猪体对各种营养物质的需要量及各类饲料中各营养物质的种类和数量来科学配合日粮，多种饲料合理搭配，千万不可长期饲喂单一的饲料。

2．分群分圈饲养

按品种、性别、年龄、体重、强弱、吃食快慢等进行分群喂养，以保证各类猪的正常生长发育。分群后，经过一个阶段的饲养，同一群内可能还会出现体重大小和体况不一样的情况，应及时加以调整，把较弱的留在原圈，把较强的并入另外一群。分群和并群应采取"留弱不留强""拆多不拆少""夜并昼不并"的方法，防止欺生互斗。但必须注意，成年公猪和妊娠后期的母猪应单圈饲养。

3．不同的猪群采用不同的饲养方案

为使各类猪只都能正常生长发育，应根据各猪群的生理阶段及体况和对产品的要求，按饲养标准的规定，分别拟定一个合理的饲养方案。

4.坚持"四定" 喂猪

猪只在饲喂时应建立"四定"的生活制度。

① 定时饲喂。

② 定量饲喂。

③ 定温饲喂。

④ 定质饲喂。

5．合理调制饲料

应根据饲料的性质，采取适宜的调制方法。青饲料除切碎、打浆鲜喂外，还可调制成青贮饲料或干草饲喂；粗饲料常采用粉碎、浸泡、发酵等调制方法；精料中各种籽实类通过粉碎后生喂。但生豆类需经蒸煮或焙炒消除抗胰蛋白酶因子和豆腥味后才可喂猪；另外，柿籽饼、菜籽饼饲喂前应经过脱毒处理后方可饲喂。

6．改进饲喂方法

不同的饲喂方法，对饲料的利用率和胴体品质均有一定影响。育肥猪自由采食增重快，但胴体短而肥；限量饲喂虽会降低日增重，但可提高饲料利用率及瘦肉率。应普及生饲料喂猪，一般以湿拌料、稠粥料或生干粉料喂猪，并应积极发展利用颗粒饲料饲喂。

7．供给充足饮水

水对饲料的消化、吸收，对于猪只的运输，对于体温调节和泌乳等生理功能起着重要作用。因此，每天必须供应充足而清洁的饮水。猪在夏季需水多，冬季需水少；喂干粉料需水多，喂稠料需水少。猪每采食 1kg 干饲料需水 $1.90 \sim 2.50$kg，夏季天气炎热时，每采食 1kg 干饲料需水 4～4.50kg。

8．加强猪的护理

低温会造成猪能量消耗，高温会影响猪的食欲。所以各种猪舍，冬季应搞好防寒保温，夏季应注意防暑降温（图 4-1、图 4-2）。

图 4-1　猪舍温度太低，猪挤成一堆

图 4-2　自动喷雾冲洗防暑降温

圈养密度过大，会导致增重速度和饲料利用率降低。

训练猪只养成固定地点排泄、采食、睡觉和接近人的习惯，有助于提高管理工作的效率（图 4-3）。

图 4-3　育肥猪舍内的猪厕所

9. 随时随地注意观察猪群

猪是有机体，平时都是群居，猪场的环境即使搞得再好，饲养管理也非常到位，仍然避免不了有个别的猪群或个别的猪因为某种原因（包括生物因素和非生物因素）形成非健康状态。不论非健康猪只数量有多少，总会影响到猪场的效益。为了避免损失和减少损失，要特别注意观察猪群。

① 喂饲时看食欲，看食欲是否正常。

② 清粪时看粪便，看消化有无问题。

③ 平时看动态，看精神状态是否异常。

④ 夜晚听呼吸，听呼吸道是否有感染。

10. 建立完善的卫生防疫制度

管理中的一项经常性工作，就是经常保持圈舍的清洁卫生，定期进行消毒、防疫和驱虫。

（1）**抓消毒**　消毒工作包括以下方面。

①大环境的消毒。

② 空圈舍的消毒（产房、仔猪培育舍、育肥舍）。

③ 带猪消毒。

④ 猪场大门口设施消毒。

⑤ 圈舍门口的设施消毒。

⑥ 消毒的防护。

（2）　**建立合理的防检疫程序**

（3）　**定期驱虫**

（4）　**处理场内的鼠害和蚊蝇**

（二）各类型猪的喂料标准

猪只的类型不同，饲料的种类也不同，饲喂标准也有差异（表 4-1）。

表 4-1　各类猪喂料标准

阶　　段	猪的日龄、体重	饲料类型	喂料量/[kg/(头·d)]
后备	90kg 至配种	后备料	2.3～2.5
妊娠前期	0～28d	妊前料	1.8～2.2
妊娠中期	29～85d	妊中料	2.0～2.5
妊娠后期	86～107d	妊后料	2.8～3.5
产前 7d	107～114d	哺乳料	3.0
哺乳期	0～21d	哺乳料	4.5 以上
空怀期	断奶至配种	哺乳料	2.5～3.0
种公猪	配种期	公猪料	2.5～3.0
乳猪	出生至 28d	乳猪料	0.18
小猪	29～60d	乳猪料	0.50
小猪	60～77d	保育料	1.10
中猪	78～119d	中猪料	1.90
大猪	120～168d	大猪料	2.25

(三) 每周工作流程

由于集约化和工厂化的现代规模猪场，其周期性和规律性相当强，生产过程环环相连。因此，要求全场员工对自己所做的工作内容和特点要非常清晰明了，做到每周每日工作事事清（表4-2）。

表4-2 每周工作日程表

日期	配种妊娠舍	分娩保育舍	生长育成舍
星期一	日常工作；大清洁大消毒；淘汰猪鉴定	日常工作；大清洁大消毒；临断奶母猪淘汰鉴定	日常工作；大清洁大消毒；淘汰猪鉴定
星期二	日常工作；更换消毒池盆药液；接收断奶母猪；整理空怀母猪	日常工作；更换消毒池盆药液；断奶母猪转出；空栏冲洗消毒	日常工作；更换消毒池盆药液；空栏冲洗消毒
星期三	日常工作；不发情不妊娠猪集中饲养；驱虫、免疫注射	日常工作；驱虫、免疫注射	日常工作；驱虫、免疫注射
星期四	日常工作；大清洁大消毒；调整猪群	日常工作；大清洁大消毒；仔猪去势；僵猪集中饲养	日常工作；大清洁大消毒；调整猪群
星期五	日常工作；更换消毒池盆药液；临产母猪转出	日常工作；更换消毒池盆药液；接收临产母猪做好分娩准备	日常工作；更换消毒池盆药液；空栏冲洗消毒
星期六	日常工作；空栏冲洗消毒	日常工作；仔猪强弱分群；出生仔猪剪牙、断尾、补铁等	日常工作；出栏猪鉴定
星期日	日常工作；妊娠诊断、复查；设备检查维修；周报表	日常工作；清点仔猪数；设备检查维修；周报表	日常工作；存栏盘点；设备检查维修；周报表

(四) 猪场引进种猪注意事项

猪场每经过一定时间就要引入种猪，种猪引入后要进行一定的处理。

（1）**疫苗接种与消毒**　种猪到场 1 周开始，应按本场的免疫程序接种猪瘟等各类疫苗；种猪在隔离期内，接种完各种疫苗后，应进行 1 次全面驱虫；隔离期结束后，对该批种猪进行体表消毒，再转入生产区投入正常生产。

（2）**制订引种计划**　根据新场投产配种计划或老场种猪更新计划确定品种、数量、月龄；所引种猪能提高本场种猪某种性能；所引种猪与本场的猪群健康状况相同或相近；选择质量高、信誉好的大型种猪场引种；应了解该猪场的具体情况，如了解该场疫病情况，调查当地疫病流行情况，了解该种猪场和免疫程序及保健方案，了解该种猪场种猪选育标准。

（五）选猪的原则

① 种猪要求健康、无任何临床病征和遗传疾患（如疝疝、瞎乳头等），发育正常，体形外貌符合品种特征和本场自身要求（图 4-4，彩图）。

图 4-4　脐疝

② 耳号清晰，纯种猪应打上耳牌，以便标识。

③ 种公猪要求活泼好动，睾丸发育匀称，包皮没有较多积液，成年公猪性欲旺盛。

④ 种母猪生殖器官要求发育正常，阴户不过小和上翘，应选择阴户较大且松弛下垂的个体，有效乳头应不低于6对，分布均匀对称，四肢要有力且结构良好。

⑤ 要求供种场提供该场免疫程序及所购买种猪免疫接种情况，并注明各种疫苗注射的日期；出具检疫合格证；办理运输检疫证。

二、公猪的饲养管理

（一）后备公猪的饲养管理

后备公猪所用的饲料应根据其不同的生长发育阶段进行配合，要求原料品种多样化，保证营养全面。在饲养过程中，注意防止体重过快增长，注意控制性成熟与体成熟的同步性。

后备公猪从50kg开始就要公、母分开，按照体重进行分群，一般每栏4～6头，饲养密度要合理，每头猪占地面积为1.5～2.0m^2。定期、定量、定餐饲喂，保持适宜的体况。提供清洁而充足的饮水。做好防寒保温、防暑降温、清洁卫生等环境条件的管理。

为了使后备猪四肢结实、灵活、体质健康，应进行适当运动。每天上、下午各1次，每次1h。后备公猪最迟在调教前1周开始运动。运动时注意保护其肢蹄。

后备公猪一般自8月龄起就开始进行调教，训练采精。调教前先让其观察1～2次成年公猪采精过程，然后开始调教。调教过程中，通过利用成年公猪的尿液、发情母猪的叫声、按摩后备公猪的阴囊部位和包皮等给予刺激。调教过程中要让公猪养成良好习性，便于今后的采精工作。采精人员不能用恶劣的态度对待公猪。对于不爬跨假母猪台的公猪要有耐心，每次调教的时间不超过 30min，1 周可调教 4 次。如果有公猪对假母猪台不感兴趣，可利用发情母猪刺激公猪，驱赶 1 头发情母猪与其接触，先让其爬跨发情母猪采精 1 次，第 2 天再爬跨假母猪台，这样容易调教成功。后备公猪在采到初次精液后，第 2 天要再采精 1 次，以便增强记忆。

（二）种猪场种公猪的饲养管理

种公猪管理的主要目标是提高种公猪的配种能力，使种公猪体质结实，体况不肥不瘦，精力充沛，保持旺盛的性欲，良好的精液品质，以提高配种母猪受胎率。

1. 种公猪的饲养

种公猪的日粮标准要稳定，每日供应量 2.75kg，冬季每日供应量 3.0kg，每头每日加喂 1 枚鸡蛋，夏季每头每日喂青饲料 1.5kg。采用湿拌料，要调制均匀，日喂 3 次，保证充足的饮水，食槽内剩水剩料要及时清理更换。

2. 种公猪的使用

仔猪生产的数量要有计划，要按照仔猪生产计划进行选配。

后备种公猪年龄 7.5 月以上、体重 110kg 时才可参加配种训练；配种前要有半月的试情训练，检查 2 次精液，精液活力在 0.8 以上，密度在"中"以上，才能投入使用，每 4d 配种 1 头次。成年公猪每 2d 配种 1 头次。试情和妊娠检查时要注意的事项如下。

① 不要远离公猪，最好是两人合作进行。

② 防止公猪在试情和对母猪进行妊娠检查时性兴奋。

③ 在做上述工作时应防止人员受伤。

3. 种公猪的运动

为了保证公猪健壮的种用体况，最好每天运动0.5h。2天不参加配种的公猪，要在运动场内运动800～1000m，也可以通过试情来完成。运动和配种均要在进食0.5h后进行。

4. 精液检查

除每次采精后要检查精液外，每月对公猪进行1～2次精液畸形率的检查，出现异常要认真分析原因，并认真填写检查记录，精液活力在0.8以上才能使用。对不经常使用的公猪再次使用前也要进行精液检查。在工作中不断总结经验，提高自己的技术水平。

5. 管理要求

对公猪态度要和蔼，严禁恫吓；在配种射精过程中，禁止多人围观，大声喧哗，不得给予公猪任何负面刺激。每天清扫圈舍2次，猪体刷拭1次，保持圈舍和猪体的清洁卫生；冬季铺垫褥草，夏季要做好防暑降温。每季度统计1次每头公猪的使用情况，包括交配母猪数、生产性能（与配母猪产仔情况），并提出公猪的淘汰申请报告。

（三）商品猪场公猪的饲养管理

1. 饲养原则

为公猪提供所需的营养应该使精液的品质最佳，数量也最多。为了交配方便，延长使用年限，公猪的体重不应太大，这就要求限制饲养。公猪日喂2次，每头每天喂2.5～3.0kg。

配种期每天补喂 1 枚鸡蛋。每餐不要喂得过饱，以免猪饱食贪睡，不愿运动造成过肥。喂鸡蛋应在喂料前进行。

2. 公猪的管理与利用

（1）**要求单栏饲养**　保持圈舍与猪体清洁，合理运动，有条件时每周必须安排 2～3 次驱赶运动。

（2）**调教公猪**　商品猪的后备公猪达 8 月龄，体重达 120kg，膘情良好即可开始调教。将后备公猪驱赶到配种能力较强的老公猪附近隔栏观摩、学习配种方法。第 1 次配种时，公、母猪大小比例要合理，母猪发情状态要好，不让母猪爬跨新公猪，以免影响公猪配种的主动性。正在交配时不能推公猪，更不能打公猪。

（3）**注意自身的安全**　工作人员要注意自身安全，要保持与公猪的距离，不要背对公猪。用公猪试情时，需要将正在爬跨的公猪从母猪背上拉下来，这时要小心，不要推其肩、头部以防遭受攻击。严禁粗暴对待公猪。

（4）**公猪使用方法**　后备公猪 9 月龄开始使用，使用前先进行配种调教和精液质量检查。开配体重应达到 130kg 以上。9～12 月龄公猪每周配种 1～2 次，13 月龄以上公猪每周配种 3～4 次。正常的健康公猪休息时间不得超过 2 周，以免发生配种障碍。若公猪患病，1 个月内不准使用。

（5）**本交公猪每月须检查 1 次精液品质**　夏季每月 2 次，若连续 3 次精检不合格或连续 2 次精检不合格且伴有睾丸肿大、萎缩、性欲低下、跛行等疾病时，必须淘汰。各生产线应根据精检结果，合理安排好公猪的使用强度。

（6）**防止公猪热应激，做好防暑降温工作**　天气炎热时应选择在早、晚较凉爽时配种，并适当减少使用次数。

（7）**经常刷拭冲洗猪体**　及时驱体外寄生虫，注意保护公猪肢蹄。

（8）**性欲低下的公猪的处理**　对于性欲不强的公猪，每天补喂辛辣性添加剂或注射丙酸睾酮。有病及时治疗。

三、母猪的饲养管理

对于一个猪场来说，母猪饲养水平的高低，将直接关系到猪场效益的高低。因此，必须妥善处理好养殖过程中的相关问题，做好母猪饲养的各个阶段。

（一）　母猪饲养过程中几个常见问题及解决办法

1.母猪排粪便干硬问题

母猪饲料中所含粗纤维比育肥猪高，但所排粪便仍比育肥猪硬。因为母猪会产生乳房水肿，而育肥猪不会发生。母猪因四脚着地，体内大量的水分会流向乳房，造成乳房水肿，所以才会产生便秘现象（图4-5；图4-6，彩图）。如果不针对乳房水肿来解决问题，只在母猪饲料中加入高纤维的原料（如麸皮），结果便秘的问题当然还是无法改善，而且添加麸皮还有下列几个缺点。

① 降低饲料的营养浓度。

② 占据母猪胃部空间，减少了母猪所能摄取的营养。

③ 麸皮会产生大量的"食增热"现象，不但会造成能量的浪费，且会使母猪的体温升高，更加重分娩后母猪厌食的情形。

解决方法：消除乳房水肿，调整体内渗透压平衡，促进肠道蠕动增加，消除便秘现象。

图 4-5　妊娠母猪的便秘

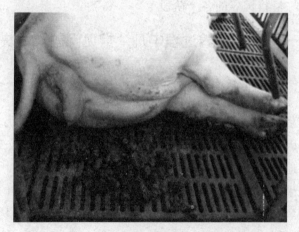

图 4-6　产前母猪便秘排出的干硬粪球

2．母猪乳汁缺少的问题

据笔者多年的调查发现，出生小猪的死亡原因中有42.5％是母猪缺乳。导致母猪缺乳的因素如下。

（1）**乳房发炎**　母猪产仔后由于卫生及疾病等方面的原因，会造成乳房炎，导致缺少乳汁（图4-7，彩图）。

（2）**乳房水肿**　根据解剖发现，发生缺乳的母猪，其乳

乳房发炎

图 4-7　乳房发炎

腺组织有水肿现象。乳房水肿是母猪必然发生的生理现象，如果不去注意它，往往会转变为乳房发炎，而导致缺乳现象。

（3）细菌及病毒的感染　母猪分娩时应注重分娩舍的消毒。

解决方法：防止被病原体感染，消除乳房水肿液，调整乳腺泌乳功能，促进泌乳功能正常。

3．母猪的难产问题

母猪辛辛苦苦怀胎114d，却因"难产"而前功尽弃，养猪要赚钱，一定要减少这种无谓的损失。

（1）原因

① 窒息造成难产。根据统计，一窝小猪中最后生产出来的1/3常因窒息而死亡，其原因是仔猪的脐带比母猪子宫角要短，因此在分娩的后期1/3阶段，由于脐带在未排出时已断裂，如果此时由于母猪贫血、疲倦、无力收缩，无法将仔猪及时排出，仔猪在5min内即会因窒息而死亡。

② 由于热应激的原因造成难产。

③ 贫血或疾病原因造成母猪难产。

（2）预防的方法

① 提高母猪营养水平及预防贫血现象的发生。

② 在母猪饲料中添加优良的有机铁，以增加母猪腹部的收缩能力。

③ 降低热应激，减少饲料中粗纤维的含量。

④ 重视分娩舍的消毒。

4．母猪虽然注射了疫苗依然发病问题

养猪户都知道，未吃初乳的小猪很难养活。这是因为刚出生的猪一点自我保护能力也没有，必须要从母猪的乳汁中获得抗体，才能抵抗环境中的病原体，所以如果母猪缺乳，乳量很少或乳质很差，那么即使母猪打了疫苗，小猪依然会下痢，依然得猪瘟等疾病，这就是为何泌乳能力强的母猪较会"带小猪"的原因。因此母猪必须自产仔前就要增加饲料营养量，并调整乳房泌乳功能，避免发生乳房水肿现象。

5．母猪曾发情过，但屡次配不上问题

一般人遇到这个问题，大多会立即想到子宫炎或阴道炎，因为子宫炎和阴道炎的确可造成屡次配不上。但事实上还有另外一个潜在且被大家忽略的因素——霉菌毒素。霉菌毒素（F-2毒素）其作用类似动情素，所以母猪会有发情的现象，但当母猪体内动情素过高时，造成假发情使母猪无法怀孕，所以会一直配不上（图 4-8～图 4-10，彩图）。

6．母猪蹄病的问题

（1）软脚

① 将母猪关在易滑的地板，而引起脚部紧张，造成骨骼的异常。

② 当母猪有良好的泌乳能力或泌乳量增加时，若无额外

图 4-8　母猪子宫炎症

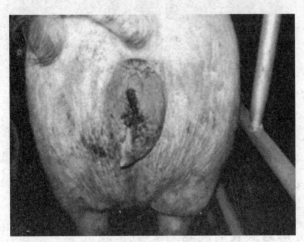

图 4-9　母猪产道感染

补充较高的钙、磷，将会导致离乳后蹄病。

（2）**由细菌感染而产生的蹄病**　为了防止出现此情况，必须靠勤消毒来降低发生率。

（3）**蹄裂**　蹄裂发生原因除了猪舍地板粗糙外，还与生物素的缺乏有关。而且缺乏生物素的猪很容易擦伤，相对来讲，经由伤口感染病原体之概率就大大增加（图 4-11，彩图）。

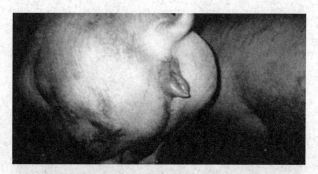

图 4-10　后备母猪假发情的阴部症状

图 4-11　蹄裂症状

7. 母猪厌食的问题

母猪产后厌食的原因很多，在生产中一定要避免。防止出现的方法：防止母猪发生乳房水肿；避免母猪分娩后感染；降低母猪的体温，如采用滴水装置、改善环境、降低氨气浓度及降低猪舍的温度、减少母猪饲料中粗纤维（如麸皮）的含量，以降低"食增热"；采用少食多餐方式并用湿料；增加母猪饲料的适口性。

8.母猪不发情的问题

① 卵巢静止。

② 内分泌不平衡。当母猪体内泌乳素含量很高时，动情素的量就无法高起来。当母猪的乳量很低时，其体内会分泌较多的泌乳素以刺激乳汁的分泌，以致离乳后，发情会延后或不明显。

③ 体脂量不够。如果母猪在哺乳期间失重过多（如泌乳量增加，又没能提高营养浓度），则母猪离乳后就会导致不发情。解决的方法是提高热能量，不要限饲。

（二）提高母猪多胎高产的措施

（1）**加强母猪的饲养管理**　在母猪的空怀期、妊娠中期和哺乳后期多喂粗料，适当喂给青料；妊娠初期、后期及哺乳初期供给足量的蛋白质、矿物质及维生素丰富的精料和青绿多汁饲料。同时要给母猪提供一个相对稳定的生活环境，尽可能减少转群、驱赶、打架等外界刺激。

（2）**合理安排母猪的配种季节**　最好选择在 4~5 月配种，9~10 月再配种，并反复循环，这样能使母猪在春、秋两季配种产仔，避开寒冷的冬季和炎热的夏季。

（3）**适时配种**　应掌握好"老配早、小配晚、不老不小配中间"的原则。一般情况下，在母猪发情后的 19~30h，待母猪的阴门红肿刚开始消退，并有丝状黏液流出，按压母猪后躯呆立不动时适时配种。初产母猪要在 7~8 月龄，体重 100kg 以上时，开始配种。

（4）**掌握好配种方法及实行人工授精**　必须采用双重配（即出现"候配反应"时配第 1 次，间隔12h再配 1 次），这样可明显增加受胎率及产仔数。如果采用人工授精技术，须选用健康优种公猪的精液，每毫升精液要求精子在 0.4 亿个以上，精子活力在 0.6 级以上，器械要严格消毒，先用 0.01% 的 $KMnO_4$ 液清洗母猪外阴部，再将输精管缓慢插入到子宫颈内

20～30cm，然后连上输精注射器，缓慢注入 20mL 精液，隔 12h 再进行第 2 次输精。

（5）**加强保胎措施** 据报道，母猪配种后 9～13d 和分娩前 21d 易流产，应特别加强保胎措施，尽量供给蛋白质、矿物质、维生素等丰富的精料和青绿多汁饲料，切忌饲喂冰冻、霉烂变质的饲料。怀孕母猪尽量避免机械性刺激，如拥挤、咬架、滑倒、鞭打、惊吓等。猪场配种要有详细的记录，避免近亲繁殖。猪场内要搞疫病防治工作，特别是乙型脑炎、流行性感冒、布氏杆菌病等疾病的预防，发现疾病及时治疗。有流产先兆者，要立即注射黄体酮 15～25mg，并内服镇静剂来安胎。

（6）**搞好母猪分娩产仔工作** 在产前的 5～10d，将产圈扫干净，并用 10%～20% 的新鲜石灰水喷洒消毒，临产前用 2%～5% 的来苏儿液消毒母猪的腹部、乳房和阴户。母猪产仔后及时掏除仔猪鼻中黏液，扯去胎膜。对假死仔猪可用拍打胸部、倒提后肢和酒精刺鼻等方法急救。对于难产母猪要搞好助产，使母猪顺利产仔。此外，保温对初生仔猪尤为重要。仔猪出生时，分娩舍的温度必须保持在 26～32℃，1 周至断奶为 26～28℃。

（7）**母猪哺乳期注意事项** 一般情况下，在仔猪断奶后 3～5d 给母猪喂催情药。母猪发情后，要立即进行哺乳期配种，以提高年胎产数。

（三）后备母猪的饲养管理

仔猪育成结束至初配种前是后备母猪的培育阶段。优良品种的繁殖母猪，需从后备母猪的培育开始。为使繁殖母猪保持较高的生产水平和稳定性，每年都要补充后备母猪，淘汰部分年老体弱、繁殖性能低下以及有其他功能障碍的母猪。

1．后备母猪的选择

后备母猪应选择本身和同胞生长速度快、饲料利用率高的个体。在后备猪限饲前（如 2 月龄、4 月龄）选择时，既利用本身成绩，也利用同胞成绩；限饲后主要利用育肥测定的同胞的成绩。

（1）**体质外形好**　后备母猪体质健壮，无遗传性疾病，更应审查确定其祖先或同胞也无遗传性疾病。体形外貌具有相应种性的典型特征，如毛色、头形、耳形、体形等，特别应强调的是应有足够的乳头数，且乳头排列整齐对称，无瞎乳头和副乳头。

（2）**繁殖性能要好**　高繁殖性能是后备母猪非常重要的性状，后备母猪应选自产仔数多、哺育率高、断乳体重大的高产母猪的后代。同时应具有良好的外生殖器官，如阴户发育良好，配种前有正常的发情周期，而且发情征象明显。

（3）**后备母猪的选择时期**　后备母猪的选择大多是分阶段进行的。

① 2 月龄选择。2 月龄时的选择也叫窝选，就是在双亲性能优良、窝内仔猪数多、哺育率高、断乳体重大而均匀、同窝仔猪无遗传疾病的一窝仔猪中选择。2 月龄选择时由于猪的体重小，容易发生选择错误，所以选留数目较多，一般为需要量的 2～3 倍。

② 4 月龄选择。主要是淘汰那些生长发育不良、体质差、体形外貌有缺陷的个体。这一阶段淘汰的比例较小。

③ 6 月龄选择。根据 6 月龄时后备母猪自身的生长发育状况、体形外貌、性成熟表现、外生殖器官的好坏、体况膘情，以及同胞的生长和发育，胴体性状的测定成绩进行选择。淘汰那些本身发育差、体形外貌差的个体以及同胞测定成绩差的个体，淘汰量较大（图 4-12）。

④ 初配时的选择。此时是后备母猪的最后一次选择。淘汰那些发情周期不规律、发情征象不明显以及技术原因造成的 2～3 次配种不孕的个体。

2．后备母猪的饲养管理

（1）**后备母猪的饲养**

① 合理配制饲粮。按后备母猪不同的生长发育阶段合理

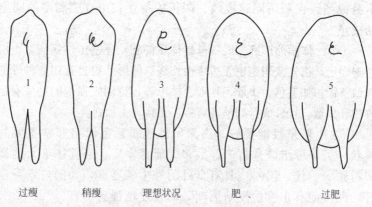

| 过瘦 | 稍瘦 | 理想状况 | 肥、 | 过肥 |

图 4-12　根据母猪体况膘情进行选择的示意

地配制饲粮。应注意饲粮中能量浓度和蛋白质水平，特别是矿物质元素、维生素的补充。否则容易导致后备猪的过瘦、过肥以及骨骼发育不充分。

② 合理的饲养。后备母猪需采取前高后低的营养水平，后期的限制饲喂极为关键，通过适当的限制饲养既可保证后备母猪良好的生长发育，又可控制体重的高速度增长，防止过度肥胖。后期限制饲养的较好办法是增喂优质的青粗饲料。

（2）后备母猪的管理　必须并注意饲养密度。后备母猪一般为群养，每栏 4～6 头，饲养密度适当。

小群饲养有两种方式。一种是小群合槽饲喂，这种方法的优点是操作方便，缺点是易造成强压弱食，特别是后期限饲阶段。另一种是单槽饲喂，小群趴卧或运动，这种方法的优点是采食均匀，生长发育整齐，但需一定的设备。

① 适当运动。为强健体质，促使猪体发育匀称，特别是增强四肢的灵活性和坚实性，应安排后备母猪适当运动。可在运动场内自由运动，也可放牧运动。

② 调教。为了繁殖母猪饲养管理上的方便，后备猪在培

育时就应进行调教。一要严禁粗暴对待猪只，建立人与猪的和睦关系，从而有利于以后的配种、接产、产后护理等管理工作。二要训练猪养成良好的生活规律，如定时饲喂、定点排泄等。

③ 定期称重。定期称量个体体重，既可作为后备猪选择的依据，又可根据体重适时调整饲粮营养水平和饲喂量，从而达到控制后备猪生长发育的目的。

④ 日常管理。夏季防暑降温，冬季防寒保温；同时保持猪舍清洁卫生、干燥和良好的通风。

⑤ 后备母猪的使用。后备母猪一般在 8 月龄左右，体重控制在 110～120kg，第三个情期开始配种。过早或过晚配种都会影响后备母猪将来的生产性能。

⑥ 炎热季节母猪的饲养管理要点。

a. 提高饲料能量、蛋白浓度。

b. 增加降温设备，如水帘、喷雾装置、风扇等。

c. 调整饲喂时间，尽量在早晚气温低的时间喂猪。

d. 增加饲喂次数，一天饲喂 3～4 次。

e. 调整转群、运动的时间，尽量避开高温时间。安排专人值班，对中暑的母猪要进行紧急处理。

（四）繁殖母猪的饲养管理

1. 管理要点

（1）**养猪赚钱，从母猪开始**　养母猪是一项需要长期坚持的事业，是不能投机的，不能管市场行情好坏的。母猪养得好、产仔多并能达成仔猪最高成活率和断奶体重，才最具竞争力。

（2）**搞好配种后第 1 个月的饲养管理**　据报道，配种后最初的饲喂量控制非常关键，此时饲料喂量太多、营养水平太高会使孕酮浓度降低，从而提高胚胎死亡率，降低母猪的产仔数，母猪容易过肥。配种后第 1 个月最重要的工作是降低各种应激，特别是热应激。

（3）注意妊娠第 2、第 3 个月的饲养管理　妊娠 30～85d 逐渐增料，但还必须适当限制母猪的采食。据报道，此妊娠阶段过高的采食量反而会降低泌乳期间母猪的自由采食量。这段时间对母猪的饲喂方式和采食量的调整应视母猪的膘情不同而不同，饲喂数量因母猪品种、年龄、胎次及个体不同很难具体规定，饲养者的经验就显得非常重要。

（4）控制好妊娠 85d 至母猪分娩时的饲养管理

① 保证仔猪足够的初生重。仔猪 2/3 的初生重是在这一段时间内形成的。

② 保证仔猪初生重的一致性（整齐度）。一致性越好，出生仔猪的存活率越高。注意饲料中的营养特别是有效蛋白质的含量。据报道，妊娠期间母猪瘦肉的增长，会对泌乳期产奶量产生积极作用，而脂肪增长过多则会对泌乳期采食量产生负面影响，从而影响泌乳。故这一阶段应适当添加含多种氨基酸、多种维生素的营养剂，特别增加有效蛋白质的含量。

（5）分娩前后母猪的饲养管理　母猪大多数生殖问题出现在分娩前后，所以，饲养母猪的关键是在分娩前后各半个月。管理不善易造成母猪分娩前后出现一系列问题，如母猪乳房水肿、便秘、贫血、产程过长等，使仔猪不能获得足够的母源抗体，造成仔猪疾病多，死亡率高，断奶体重小；造成母猪分娩应激、难产、无乳或泌乳能力低、断奶窝重小，严重的引起乳房发炎、子宫炎、阴道炎。

（6）泌乳母猪的饲养管理　泌乳母猪室的隔离、消毒、清洁卫生、通风换气和防寒保暖等饲养管理工作相当重要。饲养泌乳母猪的目的是增加泌乳量，充分保证仔猪生长发育的营养需要，提高仔猪成活率和断奶体重，保证断奶后母猪及时发情配种。泌乳母猪敞开饲喂并保证母猪身体健康、内分泌正常、奶水多、食欲良好而又不发生便秘及传染性疾病是最理想的。

2. 哺乳母猪的饲养管理

（1）**管理目标**　哺乳母猪的饲养管理应保证母猪有较高的泌乳力，同时要维持适度的体况，使其断奶后能较快地发情排卵和配种再孕。

（2）**哺乳母猪的营养需要特点**　母猪泌乳期能量代谢旺盛，对营养物质的需求量大，其营养需要应根据哺育仔猪数、泌乳量和母猪体重大小合理确定（如猪场全部母猪平均产仔10头，在此基础上每多1头仔猪给母猪加喂饲料0.5kg）。

（3）**哺乳母猪的饲喂技术要点**

① 日喂量，哺乳母猪日喂量应达到4～6kg，饲喂时根据上述营养需要特点增减。

② 补充青绿饲料10kg，可替代1kg精料，但青料不可喂得过多，并且应保证卫生。

③ 饲料不宜随便更换，且饲料质量要好，不能喂任何发霉、变质的饲料。

④ 保证供给充足的清洁饮水。

⑤ 体况好的母猪分娩前3～5d开始减料10%～30%，以防产后泌乳量过多引起仔猪消化不良或母猪发生乳脉炎。

⑥ 产后母猪身体虚弱，应以流食为主，逐渐加料，同时喂一定量的麸皮和加有电解质的清洁温开水防止母猪便秘，3d后恢复喂干粉料并逐步达到4.5kg以上，1周后完全按母猪需要供料。

⑦ 哺乳母猪日喂次数如果能调整为3次，将有利于保持

其食欲。

（4）哺乳母猪的管理技术要点

① 乳头的清洁消毒。产前对母猪乳头进行清洁消毒，哺乳期间也应保持乳头的清洁卫生。

② 控制好舍温。在保证仔猪温度需要的前提下，将舍温适当调低至 20℃左右（虽然仔猪需要 26～32℃ 的温度），这样可以保证母猪采食量正常，保证母仔健康（图 4-13）。

图 4-13　母猪哺乳

③ 产仔舍的保温。仔猪舍温度要控制在为 26～32℃，但在保温的同时，还要注意适当的通风换气，排除过多的水汽、尘埃、微生物、有害气体（如 NH_3、H_2S、CO_2 等）。必须防止贼风，同时注意通风时控制气流速度在 0.1m/s 以下，且风速均匀、平缓。

④ 母猪哺乳时必须保证环境安静。噪声小有利于泌乳和仔猪吃奶，否则对母仔都有不利影响。

⑤ 母猪舍应保持清洁干燥，高床漏缝地板饲养，不宜用水带猪冲洗网床，床下粪污每天清扫 2 次，若水冲则注意防止水溅到网床上。

⑥ 注意观察母猪的健康状况。每天注意观察母猪有无乳

脉炎、无乳症、便秘等疾病，或食欲是否旺盛，精神是否较好，身体是不是过瘦等。观察中发现的异常母猪应做好各种记录，以提供给兽医和管理技术人员作参考并采取相应措施。

⑦ 对待母猪要温和，态度要好，不能吆喝和鞭打。

⑧ 哺乳母猪卡片从开始记录就要详细。记录的项目主要有母猪品种、耳号、胎次、产仔日期、产仔数以及母猪分娩情况、哺育泌乳与健康状况、转入转出数、配种日期、预产日期（还有流产日期）、产仔日期、断奶日期等。

3．断奶母猪的饲养管理

（1）**饲养**　建议断奶母猪可采用以下方式饲养。首先，保持饲喂哺乳母猪料；其次，料中添加大剂量的维生素和抗生菌药物；再次，适当高水平供应 3～4kg/d。这样对断奶母猪的发情配种是有利的。

① 断奶母猪当天不喂料和适当限制饮水，防乳房发炎。

② 断奶母猪配种前优饲（饲料量 2.5～3kg/d），可增加排卵数，一旦配种后立即降至 2kg/d 左右，看膘投料。

③ 对于比较瘦弱的母猪，要给予比其他母猪多 10%～20%的全价饲料，以尽快恢复体况。

（2）**管理**　断奶母猪的管理要做好以下几点。

① 及时对应挂好母猪卡片。

② 修理好圈门，防止母猪恋仔猪回去找仔猪。

③ 勤清理粪便，防止母猪打斗受伤。

④ 勤观察母猪，随时记录好有发情表现的母猪。

4．母猪的发情

（1）**母猪发情的表现**　注意观察母猪发情的表现及症状。

① 阴门变化。发情母猪阴门肿胀，肿胀过程可简化为水铃铛、红桃、紫桑椹。颜色变化为白粉变粉红、到深红、到紫红色。状态由肿胀到微缩到皱缩。

② 阴门内液体。发情后，母猪阴门内常流出一些黏性液体，初期清亮；盛期颜色加深为乳样浅白色，有一定黏度；后期为黏稠略带黄色，似鼻涕样。

③ 外观表现。活动频繁，特别是其他猪睡觉时该猪仍站立或走动，不安定，喜欢接近人。

④ 对公猪反应。发情母猪对公猪敏感。对于公猪路过接近、公猪叫声、气味都会引起母猪的反应。母猪表现为眼发呆，尾翘起、颤抖，头向前倾，颈伸直，耳竖起（直耳品种），推之不动，喜欢接近公猪；性欲高时会主动爬跨其他母猪或公猪。

（2）观察发情的时机　观察发情表现有三个最佳时机。

① 吃料时。这时母猪头向饲槽，尾向后，排列整齐。如人在后面边走边看，观察母猪阴门的变化，很快就可把所有猪查完，并做好准确判断。

② 睡觉时。猪吃完料开始睡觉，这时不发情的猪很安定，躺卧姿势舒适，对人、猪反应迟钝，发情猪则不同，有异常声音时，如人或其他的猪走近时会站起活动，或干脆不睡经常活动。此时就可以很方便地从中找出发情适中的猪。

③ 配种时。公猪会发出很多种求偶信号，如声音、气味等，待配母猪也会发出响应或拒绝信号，这时其他圈舍的发情母猪会出现敏感反应，甚至爬跨其他母猪，很容易区别于其他猪。

如果能把握好上述三个时机，一般能准确判断出母猪是否发情或发情程度。

5．妊娠期的饲养管理

饲养好妊娠母猪是一个猪场保持正常生产的一个重要环节，只有把各项工作全部做到位，才会带来丰厚的回报。总体来说，饲养妊娠母猪，要求饲养人员要温和耐心细致，不要打骂惊吓母猪，培养母猪温顺的习惯，以利于泌乳阶段带好仔猪。

（1）**妊娠期的生理特点**　母猪在妊娠期会有一些特殊的生理特点和代谢特点，要注意掌握。

① 母猪妊娠后新陈代谢旺盛，饲料利用率提高，蛋白质的合成增强，青年母猪自身的生长加快。

② 妊娠前期胎儿发育缓慢，母猪增重较快。妊娠后期胎儿发育快，营养需要多，而母猪消化系统受到挤压，采食量减少，母猪增重减慢。

③ 妊娠期母猪营养不良，胎儿发育不好。营养过剩，腹腔沉积脂肪过多，容易发生死胎或产出弱仔。

（2）**饲养妊娠母猪的任务**

一是，保证胎儿在母体内顺利着床得到正常发育，防止流产，提高配种分娩率。

二是，确保每窝都能生产尽可能多的、健壮的、生活力强的、初生重大的仔猪。

三是，保持母猪中上等体况，为哺乳期储备泌乳所需的营养物质。

（3）**妊娠母猪的饲养方式**　妊娠母猪饲养方式有两种：一是定位栏饲养；二是小群圈养。两种饲养方式各有优缺点。

① 定位栏饲养。

优点：能根据猪体况、妊娠阶段合理供给日粮，既能有效地保证胎儿生长发育，又能尽可能地节省饲料，降低成本。

缺点：由于缺乏运动，会出现死胎比例大、难产率高、使用年限缩短、职工工作量大等问题。

② 小群圈养。

优点：由于便于活动，死胎比例降低，难产率低，使用年限长。

缺点：无法控制每头猪的采食量，从而出现肥瘦不均的问题，为保证瘦弱猪有足够的采食量，为了不影响正常妊娠，只好加大群体喂料量，势必会造成饲料浪费，增加饲料成本。由于拥挤、争食及返情猪爬跨等，易出现后期猪流产率增高。

③ 改进方式。

a. 前期、中期小群圈养，后期定位栏饲养。

b. 对于体况过肥或过瘦的猪只是后期采用定位栏，其他仍按小群圈养方式。这样可节省部分定位栏的建造费用。

c. 妊娠全期采用隔天饲喂方式，将 2 天的饲料一次性添加给母猪，让其自由采食，直到吃完为止，这一方法经试验证是可行的，生产效果与定位栏相近。采用这一方案应保证每一头猪都有足够的饲槽位置，防止加料时互相拥挤引起流产。

d. 增加饲料中非营养物质如粗纤维含量。这一方法不足之处是，增加饲养成本的同时，并不能彻底解决母猪肥胖，因部分猪的采食量会逐渐增加。

以上各饲养方案可根据具体情况灵活掌握。

（4）妊娠母猪四个阶段的饲养管理 针对母猪在妊娠不同时期不同的生理特点及对日粮的不同需求，通常把母猪分成四个阶段进行饲养与饲喂。

① 已配待查母猪。指配种 1～3 周的母猪，此时是受精卵着床期和胚胎器官的形成分化期。母猪配后 3d 这是受精卵细胞开始高速分化时期，高能量饲料的供应将增加受精卵的死亡数；附植前后（12～21d）这一时期，如出现高营养或高温天

气，也会增加受精卵死亡。

饲养要求是母猪配种后，要把待配时的饲料量减少15%～25%。这样有利于精子与卵细胞的运行和受精卵的着床。再就是供给充足的饮水。管理上要加强看护，减少相互打斗。结合试情公猪的试情，注意观察母猪返情表现，特别注意第1次配种后18d到转群前的表现，在配种后16～23d（包括转群后2d），要认真观察母猪，防止外界不良刺激，如发现返情要及时通知配种人员。

这一阶段母猪对日粮的营养水平要求不很高，但对饲粮质量要求很高。母猪要严格控制饲喂量，饲喂不能过多，每天1.8～2.0kg。摄入的能量不能过高，否则会增加胚胎的死亡，并且不宜对母猪频繁调圈，否则会影响受精卵着床，也容易产生畸形胎儿。

② 妊娠前期母猪。此期是配种后的22～88d，属于母猪维持期。此时母猪饲粮每天2～2.5kg，要求保持中等膘情即可。加强管理，防止流产。

③ 妊娠后期母猪。配种后的89～107d。此时是胎儿生长发育最快期，母猪饲粮每天应增加至2.5～3kg，保证出生胎儿体大健康，这对仔猪的成活率作用很大。

④ 围产期母猪。配种后第108天到仔猪出生。此时应每天递减饲喂量，降低胃肠道对产道的压力以保证母猪顺产。另外还可防止产后母猪产奶量提高过快，仔猪吃得少，造成母猪乳房发炎。

总结归纳起来，对于妊娠母猪在饲养管理上要注意以下问题。

第一，妊娠母猪对日粮的要求。要求日粮为质高均衡的全价饲料，尤其要满足对氨基酸的需要，并且配合青绿饲料最好。注意饲料是否发霉变质，发霉饲料原料应废弃。

第二，猪比较喜好干净卫生的环境。要勤打扫休息的地方。猪场、猪舍内的几条过道更要保持清洁。

第三，不用限位栏的，要求饲养人员首先要抓好母猪的定位工作，让它定点排粪尿，日后母猪会养成很好的卫生习惯，减少疾病的发生。每头猪躺卧占地面积约 $1.5m^2$，每个圈舍可饲养 3～4 头，每头猪要有足够的休息空间。母猪分群饲养时，要大、小分开，强、弱分开，病残猪只单独饲养，以避免饲喂时争食、打架，相互咬伤等。

第四，猪喜凉怕热，妊娠母猪适宜的温度为 10～28℃。虽然温度范围比较宽。但也要尽量保持妊娠舍内冬暖夏凉，特别是避免高热应激。由于母猪体脂较高，汗腺又不发达，外界温度接近体温时，母猪会忍耐不了，会出现腹式呼吸，使体内胎儿得不到充足的氧气，造成流产，死胎、木乃伊胎增加。

第五，要保证通风换气，降低舍内氨气、甲烷等有害气体的浓度；尤其是冬季，通风换气与保温相矛盾，更要协调好保温与通风换气的关系，做好通风换气工作。

第六，妊娠母猪的日常管理上，饲养人员除了每天做饲喂工作外，还要求每天要不少于 2 次清除圈舍粪便，保持圈舍卫生清洁，同时注意观察母猪的表现和状态。观察的项目主要有下面几项。

a. 粪便有无异常，哪头母猪出现了问题。发现病猪要及时治疗，但不得使用容易引起流产的药物，如地塞米松等；排干粪的母猪，要喂些青绿饲料或健胃药物。

b. 母猪是否有流产痕迹，是否有返情的母猪，如果有要及时调出。

c. 母猪耳标是否有脱落的，有脱落的要及时补打。

d. 母猪是否有外伤，有外伤的要及时隔离治疗。

e. 围产期母猪是否有产仔迹象。

f. 饮水器是否有水。

g. 食槽、水管、圈栏、地面、漏粪板是否有破损，发现问题要及时调圈修理。

h. 设备是否能正常运行。

i. 舍内温度、湿度情况怎样，要定期通风换气。

j. 舍内粪沟储粪情况，及时抽粪排出。

k. 舍内物品是否摆放整齐，摆放要合理。

l. 舍门口消毒池内的药液要及时更换，以保证药效。

m. 做好常规带猪消毒工作。

第七，其他方面。

a. 妊娠母猪尤其对后备母猪宜采用精养方式。配种后尽快改为单栏饲养，保持安静；配种后 18～24d 及 38～45d 做好妊娠诊断；保持舍内清洁、干燥、通风，地面不打滑；不能鞭打、追赶及粗暴对待母猪；不得饲喂发霉变质的饲料，以防止死胎和流产。

b. 做好消毒工作。妊娠母猪常规每周带猪消毒 3 次，采取隔日消毒。消毒药物有氯制剂、酸制剂、碘制剂、季铵盐类、甲醛、高锰酸钾等。老场要求用强消毒剂。季铵盐类消毒剂多用于母猪上床清洗及新场的日常消毒。带猪消毒切记浓度过大，一定要按标准配制消毒液。带猪喷雾消毒，消毒要彻底，不留死角。空舍净化消毒，消毒要分五步，净化程序为：清理—火碱闷—冲洗—熏蒸—消毒剂消毒。

c. 免疫工作。对妊娠期的母猪进行防疫，一定要考虑母猪对疫苗的反应。有的疫苗注射后，个别猪只甚至出现休克死亡，要求免疫后饲养人员要勤观察，发现问题，及时汇报兽医人员，并辅助兽医人员及时抢救，减少损失。妊娠期要根据实际情况注射蓝耳病、伪狂犬、口蹄疫、大肠杆菌病等疫苗及腹泻二联苗；产前第 2 周驱体内外寄生虫 1 次。母猪对口蹄疫疫苗（尤其是亚Ⅰ型口蹄疫疫苗）的反应就很明显，免疫后体温升高、不进食等，建议对刺激性强的疫苗，后期母猪要推迟免疫，待产后补免。

（5）初产妊娠母猪饲养

① 妊娠初期（配后 4 周内）消化能 2900～3000kcal/kg，粗蛋白 14%～15%，日喂量 1.8～2.2kg。

② 妊娠中期（配后 4 周到产前 4 周）日粮营养水平为消化能 2900～3000kcal/kg、粗蛋白 14%～15%，日喂量 2.0～2.5kg。

③ 妊娠后期（产前 4 周）日粮营养水平为消化能 3100～3200kcal/kg、粗蛋白 16%～17%、赖氨酸 0.8%以上，日喂量 2.8～3.5kg。

6．围产期母猪的饲养管理

（1）日粮调整　在母猪产仔前 1 周调整日粮。体况和乳房发育良好的母猪，从产前 6～7d 开始减料，逐渐减到妊娠后期水平的 1/2 或 1/3，并停止喂给青绿多汁的饲料和发酵饲料，以防乳汁分泌过多引起乳房发炎，或因乳汁过浓引起仔猪下痢。对于比较瘦弱的母猪则不必减料。如果产前几天乳房膨胀不够，则应加喂一些富含蛋白质的催乳饲料，如动物性饲料、多汁饲料等，或喂些催乳药物。

（2）产床上母猪的管理

① 母猪提前 1 周左右进入产仔舍，适应新的环境。

② 重视母猪所处环境温度，哺乳母猪最适宜的温度是 18～22℃，提高母猪的采食量。

③ 母猪进入产仔舍后应逐渐减料，产仔当天不喂料只给充足饮水，产仔后逐渐加料，避免出现食滞等消化道疾病。

（3）产仔期间不给食　产仔当天母猪非常疲乏，不想吃食，如果产仔时间长，母猪口渴，可喂给清洁的饮水，或者喂给加盐和麸皮的水。

（4）产仔后1~3d喂稀食 主要是喂粥类饲料，如小米粥、麸皮粥等。不能喂容积大、难以消化的饲料。产仔后2~3d，对哺乳母猪更要特殊照顾。原则上要保证以下几点。

第一，必须使母猪子宫及时恢复正常状态，此时不能喂体积大的饲料；

第二，应避免乳汁分泌过多，仔猪不能全部吃完分泌的乳汁会导致乳房发炎。如果母猪瘦弱、乳少或无乳，可增喂些动物性饲料或催乳药物。这里介绍几个催乳的土方法。

① 鸡蛋250g、花生米500g，加水煮熟，分2次喂猪，一般在2~3d后可下奶。

② 海带250g泡涨切碎，加入100g猪油煮汤，每天早、晚各喂1次，连喂3d。

③ 猪肠一副，切碎煮熟，加少许食盐，连汤带肠一起喂猪。

（5）产仔后3~7d的饲养 逐渐加料并逐步过渡到使用哺乳期饲料。

母猪产仔后，体况好的母猪营养水平不宜过高，饲喂量可视情况逐渐加大。如果母猪产后表现正常，3d后可逐渐加料，到7~10d达到哺乳母猪的正常给料量。产后10~15d应喂稀粥类饲料，如喂湿拌料或干粉料，应注意充分供给清洁的饮水。

7．接产

接产的要求是抓好接产操作，防止感染，保证仔猪健康出生。

（1）分娩前准备

① 搞好环境卫生。母猪进入产房前7d，要将所有的圈舍、

育仔室进行清扫、冲洗和消毒，以杀灭病原菌。

② 工具准备。包括接产箱清理和添加，产床及地面是否损坏，加热灯的安装及其他工具的配置。其他工具包括剪刀、剪牙钳、耳号钳、秤、记录本、记号笔等。

③ 药品准备。酒精、碘酒等。

（2）**母猪体表消毒**　母猪进入产栏前要用温和的消毒药，对母猪体表进行清洗消毒，以清除脏物及病原体。同时检查母猪是否有乳房损坏、乳头内翻，从而确定母猪可以喂多少头仔猪，这关系到仔猪健康出生。

（3）**母猪分娩前的预兆及分娩后仔猪的护理**

① 母猪分娩前的处理。要注意母猪乳房的变化、精神的变化、阴门的变化，密切注意母猪的反应。母猪分娩前要用1g/L 的高锰酸钾温水溶液擦拭母猪的阴部、腹部及乳头进行消毒（图 4-14、图 4-15，彩图）。

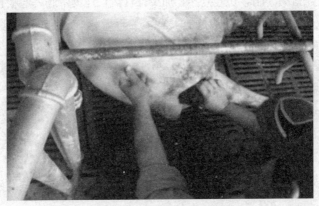

图 4-14　分娩前对外阴部消毒

② 仔猪出生后的护理。仔猪出生后，立即用消过毒的毛巾等物擦干口鼻及全身黏液，断脐并消毒。饲养员再将仔猪放入保温箱中让仔猪体表彻底干燥。在仔猪吃乳前再把母猪乳头

图 4-15　分娩前对乳房的消毒

中的乳汁挤掉少许，以冲掉藏在乳头中的细菌，然后再用消毒药清洗 1 次（图 4-16）。待产仔结束后帮助仔猪吃奶。接产人员还需判断母猪是否为难产，若为难产，应及时报告兽医人员采取适当措施。母猪分娩结束后，要及时清理胎衣及污物，并用 20mL/L 的来苏儿进行消毒，以防止污染。

图 4-16　挤掉第一滴奶

　　仔猪出生后，接产人员要先及时擦去仔猪身上的黏液，将脐带血向仔猪的腹腔内挤，并在离仔猪体 2～4cm 处进行断脐，并用 5%

碘酊消毒断脐部位；同时接产人员还要剪去犬牙，剪掉上、下牙共4个犬牙的一半，剪断后再磨平，以防犬牙伤害到母猪的乳头和仔猪在打斗中互相咬伤（图4-17~图4-19，图4-19见彩图）。

仔猪产下时，有的已经停止呼吸，但心脏还在跳动，这叫"假死"。可采用人工呼吸进行急救，也可采用在鼻部涂酒精等刺激物急救。

图4-17 仔猪出生时擦干身体

8．产后母猪的管理

母猪产仔后3~4d，由于身体虚弱，仔猪吃乳频繁，所以，最好让母猪在圈里休息。到第4~5天以后，如果天气晴好，可以让母猪出圈运动。此时要将仔猪关在栏内，让母猪运动完之后再进入圈内哺育仔猪。

① 床上母猪产后第1天，用0.1％高锰酸钾对子宫进行冲

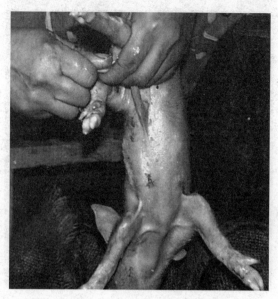

图 4-18　初生仔猪断脐

洗，以减少子宫炎的发生。

② 保持良好的生活环境，粪便要随时清扫，保持猪舍清洁、干燥和良好的通风。

③ 保证充足清洁的饮水。

④ 饲养员和管理人员要随时观察母猪的采食、粪便、精神状态及仔猪的生长发育，以便判断母猪的健康状态。

9．初产母猪和基础母猪群的饲养管理

猪场如何建立优秀的繁殖母猪群是影响猪场经济效益的关键。猪场经济效益如何，80％取决于母仔猪阶段的饲养效果；基础母猪培育和初产母猪饲养，对母猪一生的生产水平都会造成极大的影响。我国养猪场要想改变目前每头母猪每年仅能产生 18 头仔猪的状态，必须从两个方面抓起，一是要抓好基础母猪的培育，二是要抓好一产母猪的饲养。如果猪场能够做好

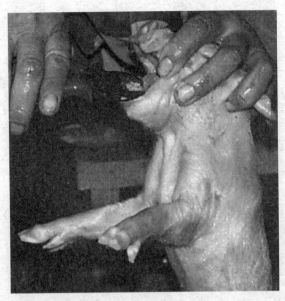

图 4-19 初生仔猪剪牙

这两件事将会受益无穷。

（1）**基础母猪培育过程存在的问题及解决办法** 基础母猪培育是养猪场目前应该高度重视的问题，因为一个优秀的繁殖母猪群起源于良好的后备母猪培育过程，而很多的养猪场对后备母猪培育过程重视不够，结果在母猪繁殖阶段生产水平大打折扣，特别是在一产的时候问题非常严重。初生重小、母乳不足、仔猪成活率低。更严重的问题是母猪一产后不发情，甚至被淘汰，而这个问题几乎成了终身性的问题，因为这种伤害很难在短时间内恢复，这也是我国养猪场产仔数少的原因（很多养猪场平均产活仔数只有 8～9 头）。另外还要面对过早被淘汰的问题，大部分母猪很难坚持到第七产。因为产活仔数是影响母猪年提供仔猪数最重要的指标，如果每产产活仔 9 头就等于每产少产了 3 头以上的仔猪，如果年产 2.4 产就等于每头母猪每年少产了 7.2 头仔猪，这样猪场的经济效益就会受到严重的影响。

① 基础母猪培育存在的问题。主要是配种体重偏小、基础储备不足。配种时体重不达标、基础储备严重不足是后备母猪培育过程的一个严重问题。在正常情况下一般猪场都会在后备母猪第 2 次发情后配种，标准应该是 210～240 日龄、体重 140kg 以上、P2 点背膘 16～20mm。笔者通过调查发现，很多养猪场对后备母猪这些指标重视程度不够，特别是受原来饲养脂肉兼用型地方猪的影响，认为后备母猪要限制饲养防止配种时体重过大、膘情过肥。事实上由于市场需求的转变，现在猪场养的几乎全部是引进欧、美的瘦肉型品种，而这种瘦肉型猪背膘储备难度很大，而且要求在 150 日龄时体重达到 100kg，而这个生长速度很多猪场的商品育肥猪都很难达到，如果再采用旧的饲养方式——限制饲养，就会导致配种时体重偏小，基础营养储备严重不足。我们有很多产床母猪限位栏的宽度只有 60cm（在生产实际中限位栏宽度为 65～70cm，最好为 80cm），产仔后的母猪在限位栏内还能转过身来，这足以说明配种时母猪体重太小，产仔后背膘储备很快就会消耗殆尽，很快就会暴露出母乳方面的问题，繁殖指标自然也就会达不到，更严重的问题是对母猪一生都会造成巨大的影响。这种母猪会过早被淘汰，即使能够继续生产也是勉强维持的低水平生产。

② 解决方案。

一是，在后备仔猪选择时应该选择断奶体重大的仔猪。因为断奶体重大的仔猪生长速度快，达到配种日龄时体重容易达标。确保后备母猪在 210～240 日龄时能够第 2 次发情、体重达到 140kg 以上、P2 背膘 16～20mm，因为配种时体重标准和 P2 背膘的厚度，预示母猪未来的生产能力。

二是，猪场应该购买 P2 背膘测定仪器。如果养猪场没有 P2 背膘测定仪器就等于盲人摸象，养猪者就很难了解母猪的基础营养储备信息，不知道 P2 背膘厚度就等于不了解母猪能量储备情况。猪 P2 背膘测量在倒数第三、第四根肋骨处，距离背中线 5cm 处测定（图 4-20、图 4-21）。

图 4-20　猪 P2 背膘测量位置示意图

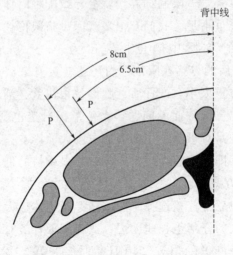

图 4-21　猪 P2 背膘厚度测量示意

现代的瘦肉型母猪由于瘦肉率的大幅度提高，蛋白质的储备似乎并不困难，由于育种使母猪的背膘厚度不断下降，母猪脂肪储备增加变得非常困难，而且产仔后背膘储备很容易被消耗掉，这也是现代瘦肉型母猪与其祖先的最大区别。储备差、消耗快是造成繁殖母猪生产指标低的根本性原因，几乎影响了母猪的一生。有很多猪场是猪改变了（瘦肉型猪），而人没变、饲养方法没变、观念没变，这也是我们国家养猪与欧、美养猪生产水平差距大的形成原因之一。

三是，后备阶段不要过度限制饲养。可以在100kg体重时测定P2背膘的厚度，日龄在150d，P2背膘厚度应该达到12～14mm；如果不在理想范围内可以通过营养调控的方式解决，如果P2背膘超标可以通过下降饲料配方的能量浓度的方法解决。当P2背膘低于12mm时就增加饲料配方中的能量浓度，必须把配种时的P2背膘控制在16～20mm范围内，这也是P2背膘测定仪器给猪场带来的经济效益。如果能做到这一点不仅母猪淘汰率会大幅度下降，而且一产生产指标也会有保证，对母猪一生都具有良好的影响。后备母猪的饲养关键是能量的储备、P2背膘的厚度能否达到配种时的基本要求。如果按照我国猪的饲养方式，后备母猪严格限制饲养就会导致配种时脂肪储备不足，给母猪一生的繁殖能力带来不良影响。

四是，为后备母猪设计专用饲料。因为我们希望后备母猪在产仔时骨骼能够充分地矿物质化，也就是说在配种前让后备母猪能够有充足的常量元素和微量元素的储备；维生素也是如此。养猪场都知道后备母猪的维生素标准远比育肥猪高得多，种类要求也多，所以后备母猪必须使用专用的后备母猪料。

五是，后备母猪的短期优饲（催情补饲）。因为一般要求后备母猪在第二个发情期配种，那就要求必须准确知道第一个发情期是什么时间，在发情后的第1周适当减少喂料量，然后在发情前2周提高喂料量。荷兰的研究者认为，这种做法可以提高排卵数2个左右。研究表明，催情补饲可以提高血浆卵泡刺激素（FSH）的水平，增加黄体生成素（LH）的释放频率，促性腺激素的增加，使排卵数得到了增加；在短期优饲期间后备母猪日采食量最好不少于每天 3kg。

六是，解决高产瘦肉型母猪达到配种体重和日龄时不发情的问题。在后备母猪达到 140 日龄时应该开始使用公猪诱导发情，最好的方法是让母猪与公猪直接身体接触，将母猪赶入到公猪栏中，因为公猪栏中的性气味更强烈，可以给母猪更强烈的刺激，最好每天 2 次，每次不少于 20min。

（2）一产母猪饲养管理存在的问题及解决方法

① 存在问题。

一是，一产母猪饲料营养标准偏低、母乳不足。一产母猪哺乳期饲料营养不足是猪场普遍存在的问题。目前很多猪场没有注意到这个问题，普遍的做法是经产和初产母猪使用的饲养标准和饲料配方是一样的；如果使用相同的饲料配方能够满足经产母猪的营养需要就很难满足初产母猪的营养需求，从一产母猪到七产母猪的营养需求规律看，以赖氨酸需要量为例，几乎是呈线性规律下降，因为随着母猪产次的增加采食量在不断增加。随着采食量的增加各种营养浓度都可以相对的下降，而一产母猪主要是采食量过低所导致的营养不足。

现代瘦肉型母猪最大问题是前两产哺乳阶段采食量不足，一产母猪日采食量很难超过 5kg，如果按经产母猪营养设计标准赖氨酸 0.95%～1.0%，就相当于日进食赖氨酸 47.5～50g；经产母猪日粮代谢能一般会设计到 3100～3150kcal，如果日采食量在 5kg，日进食代谢能也只能达到 15.5～15.75Mcal/d；而现代瘦肉型母猪保证高产的基本营养要求，日进食代谢能 16～18Mcal，日进食赖氨酸 60g；这说明一产母猪与经产母猪使用同一饲养标准、同一饲料配方，就很难满足高产状态下初产母猪的营养需求。

一产母猪产后 8～10d 后泌乳量明显下降，表现出母乳不足的症状。为什么在短短的十几天内初产母猪就暴露出母乳不足的问题，主要原因是配种时体重偏小，说明其基础营养储备有问题。另外的原因是妊娠后期加料阶段，担心初产母猪难产而减少饲喂量，这样就会导致基础营养储备提前被过度消耗，产后的小母猪采食量又低（5kg以下），养猪场又没有给一产的小母猪提供特殊的营养保护性策略，很快初产母猪就会表现出母乳不足的问题。

二是，母猪连续性生产能力被破坏。一产母猪饲养效果对母猪一生的生产能力都会造成巨大影响，因为现代瘦肉型母猪的链接性效应非常强，如果一产营养储备能力被过度消耗，不仅会影响到下一产的生产水平，而且对母猪一生的生产能都会造成影响；因为高产瘦肉型母猪初产时的最大压力是采食量偏低，在采食量小的情况下如果不采取特殊保护的方法，就可能给母猪造成深度伤害，这种伤害可能是终身性和不可逆的。所以养猪场在制订饲养方案时，要对初产母猪制订特殊的饲养策略，确保母猪的连续性能力不被损伤，对提高猪场生产指标、提高经济效益都具有深远的意义。

三是，对经产母猪繁殖能力的影响。一产母猪饲养如果存在问题，其结果必然会在经产阶段表现出来。我们观察到很多养猪场平均产仔数偏低，很多人会认为是发情和配种方面的事情，因为一提到产仔数我们首先感觉到的就是繁殖方面的问题，而繁殖问题的实质是母猪生殖系统能力的表现，而生殖系统能力表现的实质是母猪基本体况的表达形式，母猪基本体况的实质反映了母猪基础营养储备情况。如果我们这么去分析也就知道了猪场产仔数少的根本原因了。

② 解决方案。为一产母猪制订特殊的饲养策略。

以上所述理由都给了我们准确的答案，告诉我们初产的小母猪生理状况、营养储备状态与经产母猪相比较有很大的差别，在养猪场经营过程中必须采用精细的饲养方案，对初产母猪提供特殊的保护性策略，这样不仅保护了初产母猪的生产水平，同时也保护了母猪一生的生产能力，对提高猪场的经济效益具有重要意义。

一是，初产母猪妊娠阶段的饲养。初产母猪妊娠阶段的饲养与经产猪有很大的差别，不应该与经产母猪采用相同的饲养策略；在猪场实际饲养过程中大多数都是与经产母猪一样饲养，这样对初产母猪是不利的，因为后备母猪配种后 P2 背膘厚度已经达到了 18~22mm 的正常范围，不需要再提供过多的能量来提高其 P2 背膘的储备，而经产母猪断奶后 P2 背膘厚度已经消耗到 18mm 以下，所以经产母猪必须要在妊娠阶段用高一些的能量来提高 P2 背膘厚度，经产母猪妊娠阶段每天需要进食 7200~7500kcal 的代谢能，饲料喂量大约在 2.5kg 以上，才能保证 P2 背膘的恢复；而一产的小母猪每天提供 6500kcal 的代谢能就足够了，饲料喂量大约在 2.25kg，不需要提供额外的热能恢复背膘储备。

初产母猪妊娠阶段需要严格控制饲料喂量。诺丁汉大学的一项研究表明，一产的小母猪妊娠阶段如果不能严格限制饲喂，会导致哺乳期母猪采食量严重下降，二产阶段问题会更严重；一产妊娠阶段如果每天多采食 1kg 饲料，哺乳期每天就会少采食 1.58kg 饲料，二产阶段表现的就会更严重。如果妊娠阶段每天多食 1kg，哺乳期每天就会减少采食量 2.04kg。从这个结果看，如果我们保护了初产母猪哺乳期的采食量，就等于减少一产小母猪哺乳期体重的过度消耗，既保护了一产母猪产奶量，也保护了一产小母猪的基础营养储备，对以后经产阶段具有重要意义。

妊娠后期加料，可以在妊娠到 100d 开始，一般妊娠后期加料要求每头母猪日进食代谢能 9500kcal，就可以达到既保护基础营养储备不被提早消耗，又能保证仔猪初生重，相当于每天饲喂哺乳期饲料 3.0kg。

二是，初产母猪哺乳期的饲养策略。初产母猪哺乳期饲养应该采用与经产母猪完全不同的饲养策略。由于初产母猪的体重小，基础营养储备总量偏小，如果哺乳期初产母猪日进食营养总量不能保证产奶的基本营养需求，初产母猪就会消耗基础营养储备，而这种消耗在产奶方面很快就会暴露出问题，产奶量明显下降。前面已经叙述过母猪要想保证高产状态，应该保证日进食 16～18Mcal 的代谢能、60g 赖氨酸。导致初产母猪日进食营养总量不足的主要原因是采食量偏低，现代高产瘦肉型母猪采食量偏低主要表现在一产和二产。要保证母猪日进食营养供应，一是提高母猪采食量；二是提高哺乳母猪日粮营养浓度。在没有办法提高采食量的时候，只有一个方法就是提高日粮营养标准。因为一、二产小母猪哺乳期日进食饲料量一般会在 5kg/d，很难超过 6.0kg/d。所以笔者建议养猪场为一、二产的小母猪提供特殊的高标准哺乳母猪料。根据高产母猪哺乳期日进食营养总量标准计算，一产母猪哺乳日粮代谢能不应低于 3200kcal，粗蛋白在 18.0%，赖氨酸应该高达 1.2%，也就是说配方中其他氨基酸平衡，应该建立在赖氨酸 1.2%状态下的理想蛋白水平。只有为初产小母猪提供单独的饲养策略，才能有效控制初产母猪哺乳期的过度减重，只有把初产母猪哺乳期减重控制在 10%以内，才能有效达到保护经产母猪系统生产能力的目的。

三是，初产母猪的带仔数问题。事实上有很多猪场认为初产母猪体重小担心带仔能力有问题，所以在安排带仔的管理过程中有意不让初产母猪带到 12 头仔猪，这种做法会牺牲经产母猪的带仔能力，由于一产带仔猪数少使母猪乳房发育程度受损，二产后的带仔能力下降。为什么我国的猪场会出现这种做法，也是因为我们的后备母猪配种体重小，P2 背膘厚度配种时不达标，基础营养储备偏低，初产时哺乳期往往会暴露出母乳不足的问题，所以就不敢让初产母猪带仔过多。另外的一个原因是没有给初产母猪提供单独饲养策略，和经产母猪一样饲养，由于初产母猪采食量偏低也会使初产母猪很快暴露出母乳方面的问题；正确的做法是为初产母猪设计特殊的饲养方案，确保母乳没有问题，这样就可以让初产母猪尽可能多带仔猪，以达到保护经产母猪系统繁殖能力的目的。

四是，断奶后的管理措施。对初产母猪哺乳期结束后减重过多、P2 背膘过度消耗、基础营养储备破坏严重的小母猪，可以采用第一个发情期不配种，使用高标营养饲料饲喂 21d，第二个发情期再配种。这种做法可以使减重过度的小母猪基础营养储备得以恢复，让 P2 背膘恢复到配种的要求（18～22mm）或基本接近配种要求。有研究表明，这种做法可以使下一产母猪多产 1.5～2 头仔猪，而且对恢复母猪的系统繁殖能力有很大好处。但更多的猪场没能做到这种细化管理，对整体经济效益的影响还是非常大的。

综上所述可以得出结论，一个优秀的繁殖母猪群起始于良好的后备母猪培育，而高产的后备母猪群培育必须具有先进的养殖观念，对现代的瘦肉型后备母猪的培育不能使用原始的土种猪培育方法，因为这是两种完全不同品种类型，因为现代母猪与其祖先比较脂肪减少了 50%，对营养变得更加敏感了，如果没有良好的培育策略，对母猪一生的生产能力都会造成不良影响，对猪场经济效益影响也是非常大的。

（五）繁殖母猪存在的问题是影响猪场经济效益的关键因素

我国近年来由国外引进了大量的种猪，这些种猪大多都是经过高强度选育的品种，具有较高的市场经济价值。在过去30年中通过对基因的筛选，使母猪的体脂下降了50%，使现在的母猪与其祖先相比较对营养需求变得更加敏感了，所以母猪营养供给模式必须非常精准，否则生产水平表现的就会不尽如人意，很多人也产生了"洋猪难养"的错误观点。笔者通过调查得到的结论是，养猪人的观念和技术细节影响了猪场的生产水平和经济效益，更多的养猪者是想"低投入，同时又想高产出"，这是绝对做不到的。

1．要高度重视妊娠母猪饲养管理

妊娠母猪超量饲喂导致生产水平下降。母猪妊娠阶段饲养管理水平，对哺乳期母猪、初生仔猪、断奶仔猪以及母猪连续性生产能力都会构成极大的影响。繁殖阶段饲养管理的关键是"妊娠期严格限饲、哺乳期能够充分采食"。妊娠母猪限饲的目的也是为了能够提高哺乳期母猪采食量，使哺乳母猪日进食营养总量达到产奶基本需求。猪场非常容易发生一些细节性错误，下面几点尤需注意。

（1）**断奶—配种的喂养**　有很多猪场认为断奶到配种只是短短的3～7d时间，喂什么料都无所谓，进了配种舍就开始使用妊娠母猪料。配种前虽然时间很短，但使用低能（低亚油酸含量）、低蛋白的妊娠母猪料，就会影响母猪排卵数，是产仔数下降的原因之一，特别是母猪群偏瘦时的影响就会更大。

（2）**配种后1周内要严格限饲**　因为配种后48～72h是受精卵向子宫植入阶段，如果饲喂量过高，日进食能量过高均会导致胚胎死亡增加，使产仔数下降。母猪群偏瘦时更容易发生饲喂过量的问题。如果母猪群偏瘦可以在妊娠7～37d时调整饲喂量，调整范围0.6～0.9kg/d，这一阶段既可以使母猪体况迅速恢复，也不会造成哺乳期母猪采食量下降问题。

（3）**妊娠母猪限饲时间** 欧、美大多数猪场都会限饲到95～100d后，再进入妊娠后期加料阶段，在我国一直沿用旧的饲养方式84d加料。美国堪萨斯大学猪营养组的研究已经证实，妊娠母猪加料时间过早（84d）会导致哺乳母猪乳腺细胞数量减少，所以过早加料会影响母猪乳腺的发育，这也是造成母猪产奶量下降和仔猪断奶体重小的重要原因之一。

（4）**妊娠母猪后期饲养不精准导致初生重偏小** 养猪户都知道这一阶段很重要，但在实际饲养过程中最容易出现两个错误，一是加料量不足，二是使用妊娠母猪料加料。加料不足主要是因为加料过早（84d），平均3kg/d，妊娠100d前还可以满足胎儿增重的基本营养需求，100d后仔猪进入快速生长期，依然每天加料3kg，不改变料型继续使用妊娠母猪料加料，就很难满足胎儿快速生长的营养需求。

正确的做法是最好在95d开始加料，最好使用加有油脂或"猪专用高亚油酸脂肪粉"的高能高蛋白哺乳母猪料，使哺乳母猪料的配方标准能够达到代谢能3150kcal/kg以上、粗蛋白17.5％、赖氨酸不低于0.86％。如果不加油脂或脂肪粉，其代谢能很难达到3150kcal/kg以上，所以瘦肉型母猪在哺乳母猪料中必须添加脂肪，特别是亚油酸（中、短链脂肪酸）。因为母猪在妊娠后期会把大量的中短链脂肪酸转化为酮体，而仔猪会把酮体迅速转化为脂肪储备，初生仔猪的高脂肪储备对改善仔猪成活率有着非常积极的作用。

如果95d开始加料，加料量一定要控制得精准，为了有效预防难产，初产猪加料量最好控制在3kg/d；二产以上的母猪不低于3.5kg/d；加料时间95～112d，产前减料2d，图4-22描述了胎儿的生长发育规律和母猪料的供给模式。

2．初生重的重要意义

（1）**初生体重小会造成猪场经济效益下降** 初生重小会

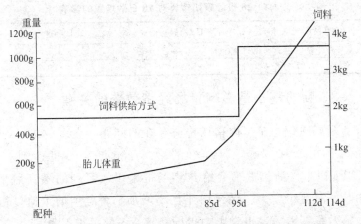

图 4-22 胎儿的生长发育规律和母猪料的供给关系折线图

给猪场带来许多不良后果。大量调查数据证明，仔猪初生重1500～1600g 的猪场经济效益要比初生重 1200～1300g 的猪场好得多。猪场经济效益与初生重有着非常强的正相关关系，初生重是猪场经济效益的第一限制性因素。

（2）**造成初生体重小的原因** 把难产当成了主要问题；对初生重小造成的影响认识不足；不知道怎样才能提高初生重或者初生重到底多大最好（1.5～1.6kg）；母猪妊娠后期管理不好。

初生重小，断奶重就小，初生重每增加 100g 断奶重就增加 0.35～1.07kg（表 4-3），断奶重小，断奶过渡就难，断奶重小，育肥猪增重速度就慢，出栏时间就会延长（表 4-4）。平均初生重大，变异系数小，说明窝整齐度好，对提高仔猪成活率非常有好处，平均初生重大也可以刺激母猪多产奶，这些都是不争的事实。

表 4-3 初生重对 21 日龄断奶重的影响

初生重/kg	1.0	1.2	1.4	1.6
断奶重/kg	5.0	5.4	5.8	6.3
初生重占断奶重变异的比例/%	37			

表 4-4　28 日龄断奶体重对 78 日龄增重的影响

28 日龄断奶重/kg	78 日龄日重/kg	日增重/g
6.14	30.4	454
7.97	35.6	529

3. 断奶重小是影响猪场经济效益的关键

断奶重偏小是国内猪场普遍存在的问题，大多数猪场 28d 断奶重 6.5～7.5kg，管理好的猪场 28d 断奶重可达到 8～9.3kg 以上。断奶重小会给养猪场带来了一系列的不良后果，如断奶过渡难度大、保育期死亡率增加、育肥期增重速度慢、饲料效率变差等，也是影响猪场经济效益的关键因素。

（1）造成断奶重小的主要原因　初生重小造成断奶重小；母猪日进食营养总量直接影响母乳好坏，28d 断奶母乳对仔猪断奶重的影响高达 90%，而母乳的分泌量主要受母猪日进食营养总量的影响；哺乳母猪料能量不足，是国内猪场普遍存在的严重问题；日喂饲次数少导致日进食总量不够；饮水量不足导致了采食量下降。

（2）提高断奶重的技术措施

第一，注意母猪日进食代谢能总量。日进食代谢能总量最好不低于 16Mcal，哺乳仔猪增重速度最快（表 4-5）。

表 4-5　消化能的摄入量对哺乳期体重损失及仔猪日增重的影响

消化能摄入量/(Mcal/d)	9.2	11.4	13.6	15.8	18.0	20.2
哺乳期体重损失/kg	31	24	18	19	12	6
仔猪日增/(g/d)	215	227	237	254	249	267

第二，为了使哺乳母猪日粮的代谢能达到 3150kcal/kg，配方中必须添加油脂而且必须是含高亚油酸（不饱和脂肪酸）的脂肪，因为饱和脂肪酸母猪很难利用。仔猪在断奶前生产性能的表现，主要与母乳分泌情况有很强的相关关系。脂肪是仔猪的主要能量来源，通常占初乳的 30%～40%、常乳的

55％～60％；其主要组成成分受母猪日粮影响较大。所以在妊娠后期和哺乳母猪日粮中添加脂肪，可使初乳和常乳中具有较高的脂肪含量。哺乳仔猪另外的40％能量来源于乳糖，而乳糖和乳蛋白含量与采食量的关系较大，高采食量的母猪乳糖分泌量大。

仔猪的生长潜力受母乳蛋白成分和含量的影响，而仔猪的蛋白储备随能量的摄入呈线性增加。现代的研究也表明，仔猪的哺乳期脂肪储备对生长猪的影响非常大。

第三，饲喂次数少影响了母猪日进食总量。目前很多猪场哺乳母猪日喂2～3次，3次的偏多，而哺乳母猪最好日喂4次，特别是夏季高温季节日喂4次，每天可以提高采食量1kg，对改善母猪产奶量提高断奶重意义重大。

第四，高度注意哺乳母猪饮水量的问题。哺乳母猪采食量与饮水量的关系很大，饮水量增加对采食量增加有明显影响，饮水量与采食量间存在线性相关。

在哺乳期内保证母猪的饮水至关重要。在热环境和限位栏的情况下，母猪的活动减少了，会导致饮水量的减少。饮水减少的后果之一是粪便中的干物质增加，引起便秘，便秘又可以使母猪患子宫炎、乳腺炎、无乳综合征，哺乳期奶量下降。

4. 哺乳母猪过度减重是造成母猪连续性生产能力下降的重要原因

目前，大量的研究认为在哺乳期结束时，母猪减重最好控制在10kg以内，背膘厚度不超过16mm。因为此时只动用了少量的体储，对母猪连续性生产性能不会造成破坏。当哺乳母猪料粗蛋白和赖氨酸不足时，母猪首先会动用肌肉组织来补充母乳的不足，肌肉组织的减少是造成母猪连续性生产性能下降的重要原因。当哺乳母猪料能量不足时，母猪首先动用的是脂肪组织，能量和蛋白质不足都是造成母猪体储下降的重要原因。哺乳母猪料营养不达标再加上采食量不足，不但母猪体储严重受损，仔猪断奶重也会很差。如果第一产动用了母猪大量的体储，势必使母猪产后过瘦，造成以后连续性生产能力下降。

研究表明，当第一胎和第二胎母猪妊娠期间的给料量高于1.93kg/d时，就会发生泌乳期采食量降低的现象，第二胎比第一胎更严重；当妊娠期的采食量增加1kg/d时，泌乳期的采食量第一胎会减少1.48kg/d，第二胎则减少2.21kg/d（图4-23）。

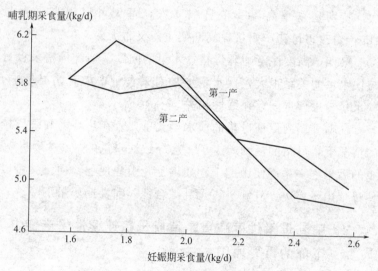

图 4-23　前两胎母猪妊娠期采食量与哺乳期采食量的关系

一般认为母猪阶段的饲养管理非常重要，特别是细节和精准方面要特别注意。事实上母猪从妊娠开始饲养管理的好与坏，会直接影响其后代生产水平的表现。养猪最后的结果是从母猪配种前开始，到生长育肥猪结束。每一个饲养管理细节的累积，每一个细节的错误都会对最后结果造成影响，同样也是一个"细节决定成败"的过程。

四、仔猪的饲养管理

　　仔猪在胎儿期完全依靠母体供给各种营养物质并排出废物，胎儿的成长环境是相对稳定的。出生以后生活条件发生了巨大改变。仔猪首先要用肺来呼吸，其次必须用自己的消化道来消化食物；最后是直接受自然条件和人为环境的影响。由于仔猪生后完全处在人为环境之中，所以其生活质量的好坏受人为的影响更大、更直接。在整个仔猪管理过程中，总体任务目标是使仔猪成活率高、生长发育快、个体大小均匀整齐、健康活泼、断奶重大，为今后肉猪的更好生长打下坚实的基础。

　　仔猪饲养水平的好坏直接关系到未来的发展。仔猪培育可分为两个阶段，即哺乳仔猪培育阶段和断奶仔猪（或称为保育猪）培育阶段。

（一）哺乳仔猪的饲养管理

1．哺乳仔猪的生理特点

　　仔猪出生前后环境变化差异巨大。生前是在 38.5℃ 的恒温中，不易受到外界条件的有害影响；自身所需要的营养是通过脐带得到（氧气和营养），并排除废物；基本生活在无菌的环境中。出生后，直接与外界复杂多变的环境接触，独自承受外界环境条件的变化；转变为自行呼吸、吃奶、采食和排泄；生活在病原微生物包围中。

　　（1）代谢旺盛，生长发育快，利用养分能力强　仔猪初生重不到成年猪体重的 1%，但生后 10 日龄时的体重则为初生重的 2 倍以上，30 日龄达 5～6 倍以上。这样快的生长速度，是以旺盛的物质代谢为基础的，特别是蛋白质代谢和钙、磷代谢要比成年猪高得多。20 日龄仔猪每千克体重沉积的蛋白质相当于成年猪的 30～35 倍，每千克体重所需代谢净能为成年猪的 3 倍。所以，仔猪对营养物质的需要，无论在数量上还是在质量上都高，对营养不全的饲料反应特别敏感。为了保证仔猪健康成长，母猪必须奶水充足，因此，必须保证母猪各种营养物质的供应（图 4-24、图 4-25）。

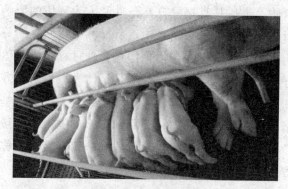

图 4-24　母猪奶水好仔猪生长快

图 4-25　健康成长的仔猪

仔猪对营养缺乏极为敏感，因此，除提供足够的母乳外，还要补充全价的高质量的仔猪饲料。经验表明，仔猪断奶重大，抗病力就强，其后的生长发育就快。

（2）**消化器官不发达，容积小，消化功能不完善**　初生猪胃重只有4～8g，而成年猪的胃重近600g。同时，新生仔猪胃内仅有凝乳酶和少量的胃蛋白酶，且胃蛋白酶没有活性，不能消化蛋白质，特别是植物蛋白，而唾液酶很少。胃底腺不发达，胃内的游离盐酸含量极微，缺乏条件性的胃液分泌能力。只有肠腺和胰腺发育比较完全，胰蛋白酶、肠淀粉酶和乳糖酶活性较高，食物主要是在小肠内消化，所以初生小猪只能吃乳而不能利用植物性饲料。

哺乳仔猪消化功能不完善的又一表现是食物通过消化道的速度较快。食物进入胃内排空的速度，15日龄为1.5h，60日龄为16～19h。所以，对于从消化道感染的病原体不能起抑制作用，故易发生腹泻性疾病。

（3）**仔猪四肢发育尚不完全，不灵活**　容易被挤住、压死。

（4）**缺乏先天性免疫力，容易患病**　仔猪的胎盘构造复杂，限制了母猪的抗体经血液传给胎儿，仔猪只能通过吃初乳获得被动免疫抗体。10日龄时才开始产生抗体，但直到30日龄以前产生抗体的数量还很少。所以3周龄以前的仔猪最易患消化道疾病。若是初乳不足，或者即使有充足的初乳，但其母源抗体维持的时间也不长，至20日龄后母源抗体已降到最低限度（滴度）。这期间是仔猪对疾病的易感期，一般要进行猪瘟疫苗的免疫接种。

（5）**体温调节功能不健全，怕冷**　仔猪正常体温39℃，刚出生时需要的温度为30～32℃。再加上仔猪的被毛稀疏，皮下脂肪很少，体内能源储备有限，对寒冷的适应性很差。

气温 20℃是新生仔猪的临界温度，低于此温度时，要注意产房的增温工作。在低温的环境下，不仅影响仔猪的生长发育，还易诱发多种疾病，如仔猪黄痢、仔猪白痢、传染性胃肠炎等。

2．哺乳仔猪的饲养管理要求

哺乳仔猪的养育应根据哺乳仔猪的生理特点和哺乳母猪的生理特性，来制订其饲养管理方式。

（1）新生仔猪的管理

① 断脐带、擦黏液。将脐带血向仔猪腹腔内挤，然后在距离仔猪腹部 2～4cm 处断开，并用碘酒消毒，要首先擦仔猪的口腔内、鼻孔部的黏液。然后擦净仔猪身上的黏液。

② 剪掉犬齿和阉割。断牙在仔猪出生后，剪掉上下共 4 个犬齿的一半。目的是以免咬伤母猪乳头，对肉猪咬架，也有减缓伤害的作用。方法是用剪牙钳及早给仔猪剪掉门牙和犬牙，剪断磨平。

同时还要防止母猪压死和踩死仔猪；防止母猪乳房发炎的发生；防止仔猪之间争抢乳头而造成仔猪面部受伤。

阉割包括药物阉割和手术阉割两种。药物阉割用 5％甲醛直接注入睾丸内使之萎缩坏死。手术阉割就是去掉仔猪的睾丸或卵巢。两种方法各有其利。药物阉割较方便，但注射部位不易掌握。手术阉割成功率高，但对仔猪应激大。对公猪阉割可在 2 周龄内进行，最大限度减少了对仔猪所产生的刺激，而且此时易操作，伤口愈合快。

③ 称重、打耳号、断尾。仔猪出生擦干黏液后立即称重和打耳号，这是饲养管理的步骤之一。断尾是为了防止在高密度生长环境的仔猪之间互相咬尾，也为了防止仔猪育肥过程中咬尾现象的发生。断尾的好处有三，一是节省饲料，二是卫

生，三是预防后期咬尾。打耳号是为了易于识别猪只。断尾和打耳号两项工作应在仔猪出生后 3 日内同时完成。需要注意的是，断尾、打耳号、断脐时应及时用碘酒消毒，避免破伤风杆菌、链球菌等病原体侵入。

④ 吃初乳前的处理。在仔猪出生以后，吃初乳前应给仔猪灌服 2mL 庆大霉素或灌服 0.1g 土霉素原粉，也可以注射土霉素制剂 0.5～1mL，这样有利于仔猪的生长发育。

⑤ 使仔猪尽快吃足初乳。母猪分娩时初乳中免疫抗体含量最高，以后随时间的延长会逐渐降低。分娩开始时每 100mL 初乳中含有免疫球蛋白 20g，分娩 4h 后下降到 10g，以后还要逐渐减少。所以，吃初乳的好处是增强仔猪适应能力，分娩后立即使仔猪吃到初乳是提高成活率的关键。同时，初乳中脂肪、蛋白质、维生素等各种营养非常丰富，有利于增强体力和产热，可促进排胎便，并有利于仔猪消化。

⑥ 固定乳头。仔猪有固定乳头吸乳的习惯，仔猪开始吸乳时互相争抢，但多次吸吮同一个乳头后，一经固定直到断乳也不会改变。乳头定位一般在仔猪生后的 1～3h 建立。为了使全窝仔猪都生长均匀、健壮，提高成活率，有必要在小猪生后 1～3h 进行人工辅助，特别是产仔较多的时候。固定乳头是为了使仔猪有秩序地在各自的乳头上吸吮乳汁。具体做法是母猪分娩后，让小猪自寻乳头，待大多数仔猪都找到乳头后，对个别弱猪或进行争抢的小猪进行调整。这样反复训练几次即可建立固定位次（图 4-26，彩图）。

调整的方法是将出生时体重小的仔猪放在哺乳母猪乳房的前部，体重大的仔猪放在母猪身体的后部，以充分利用所有的乳头为原则进行人工辅助固定乳头。固定乳头是为了使小猪有秩序地在各自的乳头上吸乳。由于各个乳头互不相通，自成一个功能单位，母猪各对奶头的泌乳力可影响仔猪成活率和断奶

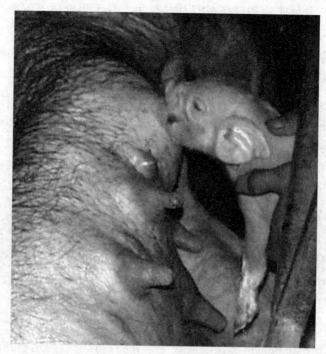

图 4-26　初生仔猪固定乳头

重（表 4-6）。

表 4-6　乳头位次与泌乳量分布和仔猪体重

乳头位次	1	2	3	4	5	6	7
泌乳量分布/%	23	24	20	11	9	9	4
20 日龄仔猪体重/kg	5.8	5.9	5.1	5.1	5.0	4.0	3.2
20 日龄内仔猪体重的增长倍数	4.1	4.0	3.4	3.4	3.1	3.1	2.5

　　对于弱小仔猪给予人工辅助的好处除了可以提高整齐度，提高仔猪成活率外，还可以提高仔猪的生产能力。

　　⑦ 防寒保温。由于仔猪神经系统不发达，自我调节体温能力差，对外界温度变化很敏感，出生仔猪如果裸露在 1℃ 环境中 2h 可冻昏、冻僵，甚至冻死。仔猪腹泻，很多情况是由于温度突然变化而引起的，所以我们应当重视对仔猪的保温工

作，一般而言，初生猪要求温度在 30～32℃，以后每周下降
2℃，最后保持在 20℃左右。保持这样的温度可在舍内安装保
暖设备，如保温箱、红外线灯、电热板、厚垫草或灯泡等（图
4-27、图 4-28，彩图）。

图 4-27　仔猪保温箱一

一定要根据哺乳仔猪调节体温的能力差，怕冷的生理特
点，注意防寒保温。仔猪需要的适宜温度表 4-7。

表 4-7　仔猪需要的适宜温度

仔猪日龄	温度/℃
1～3	33～36
4～7	31～33
8～14	28～31
15～30	25～28
31～56	22～25

有条件的猪场要安装地暖气，也可以安装地火龙，或仔猪
电热毯。上面挂一盏红外线灯或功率大一些的电灯泡。要根据
仔猪所处的小环境温度随时进行调整。

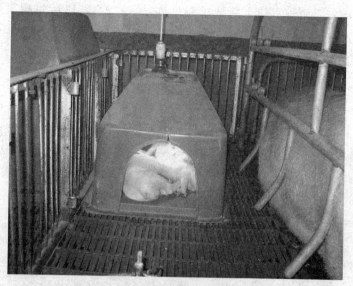

图 4-28　仔猪保温箱二

⑧ 防止压踩。母猪分娩后，往往因分娩疲劳或母猪身体过重，行动不便，或由于母性不好，不会带仔等，常常起卧不安，或仔猪出后体弱，不知躲避母猪，使仔猪被踩死或压死。所以母猪产仔时，要建立健全值班制度，有专人看守，做好接产护理工作。在生产上多采取设母猪产床或限位架；保持种猪舍环境安静；饲养员不断进行巡视等措施，对母猪和仔猪加强饲养管理，减少哺乳仔猪死亡。

⑨ 寄养。在生产上对那些产仔头数过多或过少、产后无奶或少奶的仔猪，以及母猪产后病死的仔猪，采用寄养措施。也就是将一窝中超过母猪有效乳头数的仔猪寄养给产仔数少或乳汁好的母猪。但应注意两窝猪出生日期相差不应超过 3d 和体重相差不大，并且要保证所有仔猪吃到乳。需要用保姆猪的尿、乳汁、垫草等擦抹被寄养仔猪的全身，使其同保姆猪有相同的气味，以防保姆猪拒绝哺乳。

寄养时应注意，被寄养仔猪一定要吃足初乳，最好是在晚上进行，并注意被寄养的仔猪与养母仔猪有相同的气味。可以将被寄养的仔猪吃足奶后放入养母仔猪群中，立即给所有的小仔猪喷上气味较浓的气味剂。只要小猪吃过此奶2次后就算寄养成功。寄养同时还应考虑保姆猪的产期、身体体况等。

⑩ 补铁补硒。仔猪出生时体内铁的总储量约为50mg，每100g母乳中仅含0.2mg铁，如果每日吃500g的母乳，只能获得1mg的铁，而仔猪每日生长约需7mg铁，相差很多。仔猪缺铁会出现贫血症，严重的可造成死亡。因为铁是血液中合成血红蛋白的重要元素。硒（Se）是谷胱甘肽过氧化物酶的主要成分，能防止细胞线粒体的脂类过氧化，保护细胞内膜不受脂类代谢产物破坏，还与维生素E的吸收和利用有关。

补铁有如下几种方法。

a. 3～4日龄肌内注射右旋糖酐铁或右旋糖酐铁钴合剂，100～150mL/次，2周龄再注射1次（图4-29）。

b. 可在仔猪舍内撒一些红壤土，让仔猪自由舔食。

c. 取2.5g硫酸亚铁和1g硫酸铜溶于1000mL水中，当乳猪吃乳时，滴于母猪乳头处，使溶液与乳汁一起被吸食，每日每头约10mL。

对缺硒地区，仔猪生后3日龄补硒：肌注0.1%亚硒酸钠溶液0.5mL，断奶后再肌注1次。

⑪ 仔猪补水。由于母猪分泌的乳汁过浓可引起仔猪口渴，分泌乳汁过稀引起仔猪饥饿，都易引起仔猪喝脏水而造成下痢，所以一般生后3d开始补给清洁的饮水，最好是补给温开水。

⑫ 早补饲。哺乳期间补给仔猪开食料，有利于仔猪对饲料的及早适应，减缓断奶后的应激，对提高饲料的利用率起着积极的作用。具体做法是在仔猪出生后的第7天，开始投给少

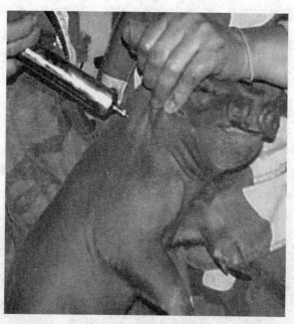

图 4-29　仔猪注射补铁

量零星的易消化的食物，或者投给厂家乳猪颗粒料，如环山牌851高档乳猪料等。市场上比较上档次的高档乳猪料的特点是营养全，适口性好，易消化，利用率高，仔猪吃后生长快，腹泻率大大减少，仔猪发育好，患病少。

（2）初产母猪拒哺的处理　初产母猪拒绝哺乳的原因大致有仔猪争抢乳头引起"逆反心理"、患有乳房炎症、缺乳烦躁和经验不足等。处理的办法如下。

① 固定哺乳位置。

② 治好乳房炎。虽然奶水充足，但是当仔猪刚吸吮乳头时，母猪就立即发出尖叫声，并猛地站起来，还要咬仔猪时，就说明母猪乳房发炎或有创伤，要及时治疗。另外，要将仔猪尖锐的犬齿用剪齿钳剪平磨平，以免咬伤乳头。

③ 精心饲喂下奶。初产母猪奶水少的现象较普遍，母猪常常会俯卧将乳头压在身体下面不让仔猪吸吮。此时，要精心饲喂催乳下奶。只有奶水充足，仔猪才能健康成长（图4-30）。催奶的土方如下。

土方一，用煮熟的豆浆加100～200g茶油连喂2～3d。

土方二，生姜、陈艾、陈皮各100g，鲜芦根、竹笋和嫩竹叶各200g，麦芽150g，煎水喂服。

土方三，鲜泥鳅250g、地骨皮30g、食盐少许，煮熟连汤饲喂2～3次。

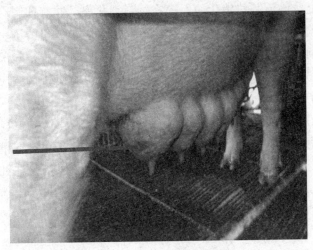

图4-30　奶水充足的母猪乳房

④ 人工引诱驯化。初产母猪缺乏哺乳经验，仔猪吮乳会应激、恐惧而拒哺，可用人工引诱驯化法。

一是，轻轻挠抓母猪的肚皮，并让仔猪轻轻吸吮。

二是，围产期就开始经常按摩乳房，使仔猪接触乳头时母猪不至于恐惧或兴奋不安。

三是，经常在母猪旁边看守，结合固定哺乳位置，护理好仔猪不要争抢奶头，保持母猪安静。

（3）**抓补料，防应激，提高断奶窝重**　这样做的好处如下。

① 补饲可以增加断乳重，提高生产效率。提高补饲（应补饲 600g 以上）有利于预防断乳后腹泻和水肿病等疫病的发生。

② 仔猪饲料、饮水中添加抗生素。根据仔猪生理特点，并结合自己的实际情况，应具有针对性地在饲料、饮水中定期添加抗生素。

③ 仔猪补饲有机酸。给仔猪补饲有机酸，可提高消化道的酸度，激活某些消化酶，提高饲料消化率，并有抑制有害微生物繁衍作用，降低仔猪消化道疾病的发生。仔猪的诱食，仔猪补饲的饲料应选择优质膨化仔猪料和颗粒乳猪料。一般仔猪 5 日龄就开始补饲，经过 10d 左右的时间就能使仔猪适应正常采食了。

④ 补料方法。可用压舌板粘取高质量的乳猪颗粒料往仔猪口中抿，每日坚持 2～4 次，连用 3d。同时在仔猪饲槽内要放入少量乳猪颗粒料，并从第 10 天起每天把仔猪关在补料栏内 45min 进行强迫补料。在给仔猪补料时每天要做到添料 6～8 次，以吃完不剩余为原则。

（4）**仔猪的日常管理**

① 1～3 日龄要使仔猪感觉湿润一些较好，舍内的湿度可大一些。4 日龄以后由于已经开始补水，所以要防止过度潮湿，要尽量保持干燥。

② 要保持饮水的清洁。

③ 诱食料一定要少给勤添，保持仔猪的好奇感，并逐渐增加给量。

④ 及时打扫产床或产房的粪便，保持干燥清洁。

⑤ 认真观察母猪和仔猪的精神状态、采食或吃奶的情况、

粪便的变化等。

（5）**去势** 去势主要是针对公猪而言，去势后能提高肉质品质，没有臊味。商品猪场去势一般在3周龄左右（也有的场提前到10日龄）。这样做的好处，一是公猪体重小，易操作；二是对仔猪损害小，仔猪易恢复，能保证仔猪在断奶前就愈合完全。母仔一般不必去势，尽管给母猪去势生长速度能略快一些，但并不明显。

（6）**人工饲养** 当母猪死亡或停止泌乳或母猪不愿意带仔猪时，可以用仿照母猪哺乳方式的机械饲喂仔猪系统饲喂。液体饲槽通常以小时为单位定时给仔猪提供容易消化的含奶量高的代乳品。服食这种特制的小剂量日粮可以降低仔猪发生腹泻的概率。这一系统还可以用于消除早期断奶生理上还不适于改用干饲料的小仔猪断奶后生长停滞现象。

一般情况下，在把仔猪转移到人工饲养系统前应该将仔猪放在母猪身边12～36h。这能保证仔猪吸吮到一定量必要的初乳。

只有严格注意清洁卫生，补饲就可以成功。饲养笼的各部分必须可以轻易地移动和每日定期彻底清扫。至少需要每日清洁自动手把和液体饲喂器。

（7）**弱小仔猪的灌饲** 仔猪储存的能量在产后很快就消耗完了。如果不能从母猪的初乳或奶水中尽快得到充足的能量补充，仔猪不久将死去。可以在产后立即给仔猪饲喂15mL的初乳来提高体重只有0.1kg左右仔猪的存活率，而后在产后36～48h饲喂2～4次母猪的初乳或代乳品。

（8）**过好仔猪初生关**

① 初生仔猪几乎没有免疫力、抗病力，一定要用无毒、无刺激性、无腐蚀性、高效安全的消毒剂做好产房和临产母猪体表的消毒工作。调整母猪的内分泌功能，提高母猪的泌乳功

能，以满足初生仔猪快速生长的营养需要。防止母猪产程过长综合征，缩短产仔时间，减少难产和死胎现象，以减少仔猪的出生应激，促使仔猪获得平均的母源抗体。母源抗体高、一致性好，仔猪的免疫力、抗病力就高，再给仔猪注射疫苗效果就好，为实现仔猪最高成活率和最大增重打下扎实的基础。

②加强初生仔猪的护理。仔猪刚出生时管理的关键是控制好温度。有资料报道，温度每下降1℃，仔猪发生黄、白痢的可能性就上升1%～2%。同时还要让仔猪及时吃到初乳并做好定奶工作，由于初生仔猪的肠道是"开放的"，仔猪不经消化母猪初乳中的免疫蛋白就能直接吸收进入血液，而一段时间后，仔猪的肠道就会"慢慢封闭"，吸收大分子免疫蛋白的功能就会降低，所以让仔猪及时吃到初乳非常重要。防止被母猪压死。做好剪齿、断尾工作。

（9）过好仔猪补铁关

①母猪产前通过补饲富含甘氨酸螯合铁的"泌乳进"能使甘氨酸螯合铁通过胎盘进入仔猪身体，以提高仔猪身体储铁量和母乳中的含铁量。

②仔猪3日龄时注射铁剂。补铁针剂是有机铁与维生素B_{12}的复合物，同时铁针最好含有微量元素硒。

③仔猪诱食料中添加含优质补血铁剂甘氨酸螯合铁的"特补"。

（10）过好仔猪诱食关 饲养哺乳仔猪的关键是诱食工作，也是养猪户易忽略的饲养问题。

①诱食的重要性。再好的母猪分泌乳汁的能力也是有限的，母猪再多的泌乳量也不能满足日龄越来越大的仔猪生长发育的需要。提早诱食补料能促进仔猪消化功能提前发育，促使胃底腺因受诱食料的刺激提早分泌盐酸，而胃中盐酸能阻碍病菌生长，防止仔猪下痢，同时盐酸又能增强消化酶的活性，从

而提高仔猪对饲料的消化能力。

② 诱食过迟会造成不良后果，如断奶困难等。

③ 仔猪诱食的方法。诱食要选择优质的诱食料，如"特补"。诱食开始的时间在 5～7 日龄；诱食的原则是"少量多次，逐次增加，要保持新鲜"；要补充饮水，由于仔猪生长迅速，代谢旺盛，特别是由于母乳脂肪含量高，而诱食料往往是干料，消化吸收需要较多的水，更由于仔猪所处的环境温度高，乳汁的水分是远远不够的。

（11）过好仔猪断奶关　仔猪断奶要科学，要结合我国的国情，以及养猪场的养殖水平来决定。

① 断奶的时间。国外在 15～21 日龄断奶，也有 10～15 日龄所谓的早期断奶。早期断奶并不完全是为了提高母猪的利用率，而是为了减少母猪和仔猪的接触时间，防止来自母猪的疾病传播。再结合全进全出、分阶段隔离饲养、添加药物和消毒隔离等措施达到净化猪群的目的。国内一般提倡在仔猪 4～5 周龄断奶较为合适，大量生产实践也证明了这一点。这一日龄断奶有如下几点好处。

a. 相对较晚时间断奶，提高了母猪的利用强度，提高了年出栏率。

b. 相对于超早断奶来说，减轻了对仔猪的应激打击，减少了腹泻率，提高了仔猪的成活率。

断奶时间较早，仔猪生长发育又不受影响，体现了一个养猪场的饲养管理、饲料营养和环境控制的综合水平。但是，盲目追求提早断奶会造成不良后果，一般夏、秋季节断奶可适当提前，冬、春季节适当延长。

② 正确的断奶方法。

一是，仔猪断奶前 2～3d 做好断奶准备工作，可以用栏板让仔猪逐渐少接触母猪，使仔猪多吃料少吃奶。

二是，做好仔猪室消毒和清洁卫生工作。

三是，仔猪断奶后应适当控制饲喂量。

四是，做好断奶仔猪的保暖工作，适当提高断奶仔猪室温度。

五是，供给仔猪充足的食槽位置和清洁温暖的饮水，饲料或饮水中适当添加抗应激营养剂。

六是，仔猪断奶时应该仍然喂乳猪料，待断奶后经过了1~2周，仔猪采食量正常以后才可逐渐改变饲料。

七是，采取"赶母留仔"的断奶方法。仍然由原先的饲养人员饲喂，待仔猪适应独立生活以后再转入保育舍或与别的同日龄仔猪合并。

八是，仔猪断奶时间以傍晚为好。根据试验，仔猪在晚间8:00断奶与早上8:00断奶相比，在断奶后的28d内，虽然耗料增加5%，而增重却提高6%。不管采用何种方法断奶，断奶时都要特别注意仔猪的饲料营养、饲养管理和环境控制，都要采取有效措施防止断奶仔猪发生下痢和水肿病，都要尽可能减少断奶仔猪的应激。

③ 断奶的注意事项。断奶要和早投开食料结合起来。一般来讲，断奶之前投料越早，仔猪采食固体饲料量就越高，则断奶时对仔猪应激打击就越少。断奶时应特别注意，在断奶后的第2、第3天，要控制仔猪的采食量，因为这时候，由于仔猪突然换料可能引发第1天、第2天拒食，而后由于饥饿而抢食，这时候很容易造成消化不良而腹泻，所以在仔猪断奶的前5天里，开始要注意控量，而后逐渐加量到自由采食。

（12）**防疫** 防疫是仔猪管理中一个必不可少的重要环节，在一些烈性传染病的爆发传播中，任何一种病的发生都可能是灾难性的，因此，必须重视对仔猪的防疫工作。本着防重于治的原则，花小钱保大钱，做好免疫工作。特别是对猪瘟、猪丹毒、猪肺疫的免疫工作，应至少在 30～60 日龄免疫 1 次。其他疾病，可根据自身周边情况，结合实际，听从兽医师的指导，做好疾病的防治工作。

3．仔猪管理新技术——早期隔离断奶

近十几年来，国外在仔猪饲养管理、营养领域的研究，主要集中在仔猪早期隔离断奶技术。刚开始的方法是从猪群中挑选有最佳免疫力的妊娠晚期健康母猪，隔离于封闭的产仔室中，投给药物。仔猪 5 日龄断奶即被转移隔离封闭，并投给大量的药物。虽然此技术复杂难行，成本又高，但却被证明能成功地清除猪气喘病、猪肺疫、猪胸膜肺炎和猪痢疾等疾病。后来的方法又改为不需要将母猪从猪群中移开，仔猪也可在10～21 日龄时断奶，但必须给产前母猪注射大量疫苗，加强产前母猪的饲养管理，消除便秘和乳房水肿，使母猪分泌极高的初乳抗体，仔猪通过吸食初乳获得很高的母源抗体，结合严格的消毒和大剂量投药以避免仔猪感染上留在猪群中的疾病，如传染性胃肠炎、萎缩性鼻炎、细小病毒病和内外寄生虫病等。

（1）**实行"早期隔离断奶"（SEW）的理论依据**　集约化高密度饲养使猪容易发生传染病，而传染病给养猪业造成的损失最大。许多疾病一旦进入，很难彻底清除出去。仔猪在母体子宫中理论上不会感染传染病，给母猪注射各种传染病疫苗，母猪可以通过初乳将抗体传递给仔猪，使仔猪获得母源抗体，结合消毒隔离措施及适当添加药物，使仔猪生长早期不感染传染病。在母源抗体消失以前，实行早期断奶，使仔猪离开疾病的主要传染源——母猪，结合隔离措施，能非常有效地防止仔猪乃至肥猪感染传染性疾病。

（2）**实施早期隔离断奶（SEW）技术的主要措施**　仔猪采用早期断奶，猪场执行严格的生物安全措施，猪舍严格实行

全进全出制度，仔猪实施分段隔离异地饲养，配制能完全替代母乳的乳猪全价饲料。

① 早期隔离断奶（SEW）实施的断奶日龄。以前的生产者习惯采用18日龄断奶，现在趋向于14日龄断奶，更因蓝耳病的流行，有10日龄断奶甚至更早的。

② 猪场实行严格的生物安全措施。所建猪场必须远离其他畜牧场（最好几十千米以上），猪舍根据猪不同阶段需要建有隔离设施和一定的间隔距离，实施严格彻底有效的消毒制度和消毒效果检验制度，严格实施抗体测定和疫病监测，严格实施常规的防疫制度和引种隔离制度，制订一切为生物安全服务配套的饲养管理制度和药物预防制度并严格实行，各阶段猪群务必严格实行全进全出制度。

③ 实施分段隔离异地饲养。采用SEW技术还必须实施异地饲养，仔猪断奶后即移至另外一地的保育猪舍，保育猪舍的环境设施和饲养条件要相当优秀，仔猪养至25kg左右再移至肥猪舍。

④ 配制能完全替代母乳的乳猪全价饲料。早期断奶仔猪的消化系统不健全，配制的早期断奶日粮，既要节省成本又要满足仔猪快速生长发育的需要，降低断奶应激。早期仔猪断奶日粮的特点是高能量、高蛋白及其他营养物的高浓度，日粮诱食效果好，适口性佳，消化吸收率高。一般碳水化合物可添加乳清粉（用量15％～30％）；乳糖（用量15％～25％）。蛋白质饲料可添加脱脂乳、喷雾干燥猪血浆粉、乳清蛋白浓缩粉、优质鱼粉及特制豆粕等，同时添加仔猪专用营养性添加剂，如"特补"，能促进仔猪日粮氨基酸的平衡，从而有效促进仔猪生长发育，降低仔猪断奶应激，提高仔猪的采食量和生长速度。

⑤ 饲养管理制度和环境小气候控制措施。仔猪对保育室

的饲养管理和温度要求相当高，3～4.5kg仔猪的温度要求在30.5～32.2℃，以后每周降低2℃。重要的是要尽量缩小温差，地面保持干燥，通风换气、饲养密度等也要特别注意。

⑥ 实施SEW技术的母猪必须注射的疫苗。冻干苗最好在空胎时注射，灭活苗在临产前1个月左右注射，有灭活苗的尽量用灭活苗。经常用的疫苗有猪瘟、口蹄疫、蓝耳病、猪丹毒、猪肺疫、气喘病、传染性胃肠炎、流行性腹泻、链球菌病、大肠杆菌病、萎缩性鼻炎、胸膜肺炎苗等。但注射再多的疫苗也要保证母猪能通过初乳传给仔猪，使仔猪获得足够的母源抗体。这就要求加强母猪的饲养管理，调整母猪的泌乳功能，消除母猪便秘和乳房水肿，促进母猪尽可能多地分泌初乳。

⑦ 开展好早起诱食工作。实施早期隔离断奶技术的初生仔猪2～3日龄就要开始做诱食工作。用优秀的诱食料，如"特补"，优质碳水化合物，蛋白质饲料做好早期诱食。

4. 仔猪死亡原因及对策

由于品种、饲料营养、疾病状况、饲养管理和环境控制等不同，猪场与猪场之间，乃至同一场的不同时间，仔猪死亡率也不尽相同，从2%～30%，差异极大。

（1）**母猪分娩过程中的仔猪死亡原因及对策** 一般分娩出的新鲜死仔猪都是在分娩过程中死亡的。临产前母猪贫血、便秘和乳房水肿等造成母猪分娩无力，发生产程过长综合征，致使母猪难产，仔猪因缺氧死亡。提起仔猪后腿左右摇晃，以清除肺内黏液，用吹气或人工呼吸可救活一部分仔猪。

（2）**哺乳仔猪死亡原因及对策**

① 仔猪初生重太小。以"杜长大"仔猪为例，正常初生重应有1.2～1.8kg，低于1kg不易成活。

② 被母猪压死、踩死、夹死。有资料证明，这类死亡可占到初生仔猪死亡的 30％～50％。分娩室采用条状隔板，设置防压设备和仔猪活动休息区，并注意保温，死亡率可大为减少。

③ 因寒冷潮湿造成仔猪冻僵、冻死。初产仔猪所处环境最佳温度为 26～32℃。过低的温度会造成仔猪冷应激反应，行为呆滞、行动迟缓，造成冻僵或冻死，也容易被母猪压死。地面上铺上适量的垫草可减少这种现象的发生（图 4-31，彩图）。

图 4-31　铺垫草减少仔猪冷应激

④ 仔猪黄痢、仔猪白痢或其他疾病致死。因疾病引起仔猪死亡的比例占 10％～20％。大肠杆菌病致仔猪死亡可占仔猪因疾病死亡的 80％以上。引起仔猪黄、白痢的原因有几十种，给临产前 1 个月左右的母猪注射多价大肠杆菌灭活苗等，并结合严格、彻底、有效的隔离消毒和饲养管理工作，能有效地防止仔猪发生传染病。

⑤ 因母猪无乳或缺乳造成仔猪饥饿死亡。母猪营养不良、

乳房水肿、乳房发炎、子宫炎、内分泌失调等都可引起母猪无乳或少乳。可采用寄养、早期人工乳喂养、早期诱食等措施防止由此造成的仔猪死亡，但调整母猪的内分泌更为重要。

⑥ 母猪贫血。母猪贫血更易造成仔猪贫血，使仔猪免疫力、抗病力下降，易得各种传染性疾病甚至造成死亡。

⑦ 初生仔猪免疫不全。母猪胎盘有六层上皮细胞，母猪无法将抗体经由胎盘传递给仔猪，故初生仔猪处于免疫不全的状态，仔猪若吃不到初乳或吃到的初乳量不够，就极易得各种疾病而死亡。所以促使仔猪尽早吸食初乳，在仔猪的饲养管理中显得尤为重要。

⑧ 诱食过迟。诱食过迟使仔猪经常处于饥饿状态，同时也抑制了肠道的生长发育和胃酸、消化酶的分泌，造成仔猪营养不良，抵抗力下降，断奶应激严重。

⑨ 仔猪被母猪咬死。因饲料、饮水、畜舍等原因，或仔猪身上有异味，会使母猪咬死仔猪。故带猪消毒应选择无味、无刺激性、无毒的消毒剂。同时，消除分娩室各种异味。

⑩ 其他原因造成的仔猪死亡。由于仔猪脐带出血、设备设置不良等造成仔猪死亡。

（3）断奶仔猪的死亡原因

① 断奶后温度过低或温差过大。断奶是仔猪的生死关。仔猪断奶时离开了母猪的呵护，日粮从乳汁转为固体饲料，更因温度太低，造成仔猪应激严重，诱发各种传染性和非传染性疾病。近年来猪场发生大批断奶仔猪死亡的主要原因是病毒、支原体、细菌、寄生虫引起的混合感染，造成猪呼吸道疾病，严重的引起仔猪断奶衰竭综合征而大批死亡。所以，仔猪断奶后要进行保温和温差控制（图4-32）。

② 断奶仔猪多系统衰弱综合征。主要的疾病类型有呼吸道疾病综合征、先天性震颤、皮炎肾病综合征（类似于猪瘟）、

图 4-32　断奶后仔猪的保温、温差控制

增生性坏死性肺炎。仔猪表现为衰弱、消瘦、苍白、黄疸、生长不良、体表淋巴结肿胀、呼吸困难、腹泻,仔猪舍内僵猪的比例升高。发病日龄为 4~16 周龄(最常见于 6~9 周龄)。潜伏期为 2 周,发病率为 20%~50%,急性病例的死亡率可达 30% 以上。

③ 仔猪呼吸道疾病综合征(PRDC)。病原有蓝耳病病毒(猪繁殖与呼吸道综合征)、伪狂犬病病毒、包涵体鼻炎病毒、猪巨大细胞病毒、猪瘟病毒、呼吸型冠状病病毒、猪流感病毒、衣原体、副猪嗜血杆菌、胸膜肺炎放线杆菌、支气管败血波氏杆菌、猪霍乱沙门杆菌、猪链球菌、化脓杆菌、克雷伯杆菌、巴氏杆菌(猪肺疫)、支原体(霉形体肺炎)等,形成仔猪呼吸道疾病综合征(图 4-33,彩图)。结合猪圆环病毒、附红细胞体病、霉菌毒素可加重损失。以上病原体引起混合感染,再结合非传染性因素,形成断奶仔猪多系统衰弱综合征。

仔猪呼吸道疾病综合征病原体对呼吸道和免疫系统的影响如下。

a. 猪传染性萎缩性鼻炎破坏鼻腔纤毛系统,损伤上呼吸

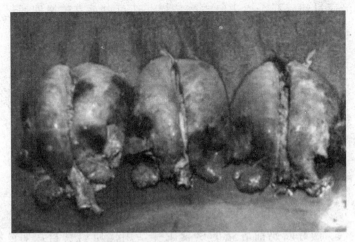

图 4-33　呼吸道疾病综合征病猪的肺脏

道，破坏猪的呼吸道第一道屏障。

　　b. 猪肺炎霉形体麻痹和破坏呼吸道黏膜纤毛系统。

　　c. 猪流感病毒破坏黏膜纤毛系统，损伤呼吸道上皮细胞。

　　d. 猪肺炎霉形体和猪流感病毒都破坏猪的呼吸道第二道屏障。

　　e. 猪繁殖与呼吸道综合征（蓝耳病）病毒破坏肺泡巨噬细胞和淋巴细胞，破坏了猪的呼吸道第三道屏障。

　　f. 伪狂犬病可造成猪呼吸系统和消化系统紊乱，干扰机体的免疫力。

　　g. 发热和厌食也影响机体的免疫力。结合不利的机体内外环境，使呼吸道疾病更加严重。

　　④ 猪圆环病毒（PCV）的 PCV1 型可引起死胎、先天性震颤、淋巴结炎；PCV2 型主要引起断奶仔猪多系统衰弱综合征，也可引起先天性震颤。

　　传播方式有水平传播或交配传播。健康猪接触病猪、感染猪 10～14d 后即可发病。粪便中含病毒。可以通过交配传播，也可通过间隔几个栏进行空气传播，还可以垂直传播即通过胎盘感染胎儿。

⑤ 非传染性因素引起断奶仔猪的死亡原因。

a. 有害气体，如 NH_3、H_2S、CO_2。

b. 灰尘中常常有细菌、霉菌或病毒，易引起传染性肺炎的发生。灰尘是肺炎的诱因，也可引起非传染性肺炎。

c. 温度、湿度和通风条件不良。

d. 猪群密度高、猪群的流动引起的应激反应。

e. 吸入固体、液体等异物，可导致异物性肺炎。

⑥ 防止断奶仔猪死亡的对策。

a. 做好断奶前乳猪的诱食工作，用优质诱食料，如"特补"提高断奶前仔猪的采食量，促进仔猪消化道发育，促使仔猪断奶前充分适应固体饲料，明显降低仔猪断奶应激和死亡率。

b. 做好断奶仔猪的饲养管理工作，提高室温，采用"赶母留仔"的方法，适当控制饲喂量。

c. 断奶仔猪饲料中连续添加可提高仔猪抗应激能力、防止仔猪脱水的"爱猪强"，"爱猪强"还可有效防治腹泻、脱水，消除水肿，补充营养。

d. 按免疫程序或母源抗体监测结果及时给仔猪注射各种疫苗。

e. 仔猪有疾病时及时治疗，治疗措施要得当，用药要准确。

f. 仔猪合群要在晚上进行，方法措施要得当，数量不超过 20 头，能有效防止仔猪争斗死亡。

g. 给产前母猪注射相应的疫苗，提高母猪初乳量，提高仔猪断奶后的免疫效果。

h. 加强消毒卫生工作，减少疾病的发生。

总之，仔猪的死亡原因并不是某个单纯因素造成的，往往是几个因素共同作用的结果，而饲养管理不善，环境不良会加重仔猪的死亡率。防止对策也要综合考虑各种因素，采取综合措施，改善仔猪体内环境，同时提高室温，加强消毒，增加通风以改善体外环境，这样才能更有效防止仔猪死亡。

5．仔猪日粮中应该注意的几个问题

（1）日粮的营养水平　由于仔猪有一个从只食母乳到采食固体饲料的必然转换过程，所以断奶时难免对仔猪造成应激，只有各方面因素都做得很好，才能保证仔猪健康成长（图4-34）。为减少此种应激，通常采取两种措施，一是及早补料，二是模拟母乳。调配仔猪易消化吸收的日粮。

以干物质为基础计算，仔猪母乳中含有约35％的脂肪、30％蛋白质、25％乳糖。所以一般情况下，仔猪日粮中的能量浓度至少要求在 3.2～3.5Mcal/kg，粗蛋白质在 18％～25％，赖氨酸在 1.2％以上，而且断奶愈早对日粮营养水平要求愈高。在所有营养指标当中，能量是最关键的指标。有人用日粮浓度分别为 3.2Mcal/kg 和 3.4Mcal/kg 的两种日粮做对比实验，其粗蛋白质都为 19％，结果 3.4Mcal/kg 日粮组的仔猪日增重和成活率显著提高。同时另一次实验中，日粮中粗蛋白质分别为 18％或 20％的两组日粮，其能量都为 3.5Mcal/kg，结果 20％粗蛋白质的日粮组仔猪增重并不显著。这说明，能量是决定仔猪生长最重要的因素。同时，仔猪日粮中随着第一限制性氨基酸——赖氨酸的不断提高（日粮中从 1.0％～1.5％），其生长速度也呈明显上升趋势，也就是说，在仔猪日粮中关键是第一限制性氨基酸——赖氨酸的满足度，在其他营养指标一定的前提下，日粮中赖氨酸水平越高，仔猪的生长速度就越快。

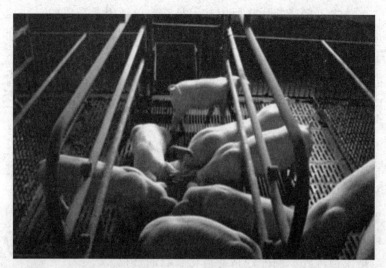

图 4-34　仔猪群体的自由采食

（2）**理想的蛋白质组成**　理想的蛋白质组成的宗旨是，构成日粮蛋白质的各种必需氨基酸有一个最佳模式，这种最佳模式的氨基酸构成最有利于仔猪的快速健康成长。根据肉猪生长需要，不同的国家、不同的学者制定了不同的理想蛋白质模式。

（3）**乳清粉和酸化剂的使用**　在仔猪日粮中添加乳清粉有促进消化、补充能量、提高仔猪适口性等作用。但其最主要的作用是在乳糖酶的作用下转化成乳酸，跟其他酸化剂一起在仔猪体内创造一个酸性环境，抑制大肠杆菌等有害菌的繁殖生长，从而起到防腹泻作用。所以在大多数仔猪配合饲料中都添加了乳清粉，以起到提高适口性和防腹泻的作用。但同时也应当注意，在仔猪达到 3 周龄时，乳糖酶开始逐渐失去活性，到 5 周龄时基本失去作用，所以在 5 周龄以后的仔猪日粮中不必添加乳清粉。

（4）**诱食剂的添加**　目前在仔猪日粮中添加的诱食剂主

要有甜味剂、香味剂、咸味剂、鲜味剂、酸化剂。

① 甜味剂。糖精，一般添加 $50\mu g/g$；甜蜜素 $2.5‰$；白糖 4%左右。

② 香味剂种类繁多、类型多样。常见的有奶香型、果香型、鱼腥香型、清香型等；有粉状的，也有液体的。另外，添加 $2\%\sim5\%$植物油也有油香味，添加油脂还有促生长和提高仔猪成活率的作用。

③ 咸味剂主要是食盐，其主要作用是保持细胞和血液间的渗透压平衡，以及刺激消化液分泌。

④ 鲜味剂主要是味精（又名谷氨酸钠），在日粮中添加 $300\mu g/g$，可明显促进仔猪的食欲，提高采食量，从而起到促生长作用。

⑤ 酸味剂。可提高适口性，还可以降低仔猪肠道内的 pH值，减少消化道内细菌对营养物质的竞争，提高仔猪对营养物质的消化吸收能力。目前仔猪日粮中添加的有机酸主要有柠檬酸、延胡索酸、苹果酸、乳酸。用得最多的是柠檬酸，日粮中添加量一般为 $1\%\sim3\%$，有很好的促生长和防腹泻作用。

（5）添加剂的选择

① 铜、锌的添加。大量实验证明，在仔猪日粮中添加 $125\sim250\mu g/g$ 的铜或 $2000\sim3100\mu g/g$ 的锌，有明显的增重效果，可提高日增重 $8\%\sim15\%$。但在选用高铜或高锌时，要注意相应地提高其他微量元素的含量，以免引起中毒。

② 沸石的添加。在沸石的内部有许多孔道，这些孔道薄而密，形成相当大的内表面积，$1g$ 沸石的内表面积可达 $1000m^2$，因此沸石有强大的吸附作用和离子交换作用。在仔猪日粮中添加 $1\%\sim5\%$沸石有促生长和防腹泻作用。

③ 抗生素的选择。抗生素可刺激仔猪生长，提高饲料转化率，并有抑菌防腹泻的作用。常用的抗生素药物有喹乙醇、

痢特灵、金霉素、泰乐菌素、杆菌肽锌等。

（6）加工工艺

① 仔猪日粮要求粉碎粒度细一点，以便于仔猪充分消化吸收。通常粉碎用的筛板直径在 1.0～2.0mm，如果粉得太细，就会浪费过重而且增加电耗；粉得太粗，则容易引起仔猪消化不良从而导致仔猪腹泻。

② 制成的颗粒粒度要求直径是 2.5mm 以下的小颗粒，或者是破碎料，这样大小的粒度能减少对仔猪小肠绒毛的破坏，提高饲料利用率，所以，小颗粒在提高仔猪日增重和减少仔猪腹泻方面都有积极影响。

③ 制粒的温度要求在 50～75℃，这样的温度，既不至于使营养成分破坏得很多，还能有效地破坏饲料中的一些抗营养因子，提高饲料利用率。

6．仔猪饲养中应该注意的几个问题

仔猪阶段是猪一生中最重要的阶段，对饲养技术、饲养环境及饲养管理要求都很高，如何根据现有环境和条件采用相应饲养管理技术是非常重要的问题，它会直接影响猪场的经济效益。

（1）仔猪消化生理特点

① 胃酸分泌不足。这会导致胃蛋白酶难激活，蛋白质及饲料中其他营养消化率下降。胃酸分泌不足会反射性引起胃排空加快，使饲料在胃中停留时间减少，蛋白变性及胃蛋白酶作用不充分就到达小肠，小肠中的消化酶对未经消化的蛋白消化能力低，易造成营养性下痢。大量营养到达小肠后段被微生物利用，造成微生物菌群失衡，有害菌大量繁殖。

② 消化酶系不健全。淀粉酶、蛋白酶等酶的活性低。研究表明，仔猪胰、小肠内容物中的淀粉酶、胰蛋白酶和胰凝乳

蛋白酶的总活性从 21～35 日龄均呈逐渐上升趋势；35 日龄后出现下降。断奶可能会造成多数消化酶的活性降低。

③ 肠道微生物区系不完善。

④ 胃肠调节能力差，消化液分泌不足。

（2）**断奶应激**　仔猪在任何时间断奶都是一种应激。对仔猪消化酶系统发育的研究表明，断奶的应激可引起仔猪消化道中各种酶活性的下降。断奶会对仔猪产生心理、环境和营养的应激反应，仔猪表现为腹泻、生长迟滞等现象。断奶应激使仔猪肠道内产酸的乳酸杆菌的数量减少，必然会导致肠道内 pH 值升高。胃肠道内 pH 值的上升又会导致大肠杆菌的增殖，如此断奶应激使仔猪胃肠道微生物区系和物理环境互为条件，形成不良循环，影响仔猪健康。除了生理因素造成仔猪的应激，下列饲养管理因素也会造成程度不同的断奶应激。

① 冷应激。仔猪失去了母子共居的温暖环境，易发生冷应激。

② 饲粮、饲喂方式改变。由液态食物到固态饲料，由母乳到饲料，生理功能不适应。比如饲料中大量豆粕、玉米中的 α-支链淀粉、鱼粉中的有害菌都会引起腹泻。

③ 换圈、混群、咬架等都会造成严重的应激反应。

④ 密度大、潮湿、惊吓都可引起应激反应。

⑤ 环境消毒、母猪消毒不严格，细菌（大肠杆菌、沙门菌等）、毒素等因素会造成仔猪黄、白痢。

（3）**确定适宜的断奶时间**

① 断奶日龄要符合仔猪生长发育的生理特点。随着对仔猪消化功能、免疫能力、体温调节功能及应激能力方面的深入研究和了解，发现断奶时间与仔猪的生长发育程度密切相关。一般认为体重 5kg 以下的仔猪由于消化、免疫、体温调节及应激能力不具备断奶条件，不能断奶，最好在体重达到 7～9kg

时采取一次性断奶。

② 按照体重进行断奶。据分析，按体重断奶可以省料，提高仔猪 30kg 前的日增重，增加母猪年产仔窝数和保证母猪具有良好配种体况的优点。

③ 选择断奶日龄应根据猪场的生产性质、生产规模、设备条件及饲养管理水平而定。以育肥猪为主的商业猪场，以获得母猪最高产仔数为目的。保育条件较好，可以考虑 25d 左右断奶。其他商业目的可在 28 日龄后断奶。按照北方的实际情况和饲养条件，中、小规模的养殖户最好在 35～42 日龄断奶。

④ 断奶后适宜的日粮组成是达到目的的基础。仔猪各种消化酶活性的变化表明，仔猪在 3 周龄前消化能力有限，由于酶分泌不足和消化道发育不成熟，不能充分利用植物来源的能量饲料，日粮中必须含有大量的动物性来源的乳制品和优质鱼粉等。因此，在饲料中要加入优质鱼粉、乳清粉、脱脂奶粉，玉米和豆粕还要经过膨化，完全按照理想氨基酸模式设计配方，考虑能量与蛋白质等几个方面的平衡。

（4）仔猪饲养管理应考虑的问题　给仔猪创造温暖、清洁、干燥、舒适的环境是养好仔猪的关键。

① 最大限度发挥仔猪的生长潜力的方法。一般哺乳仔猪从出生到 3～4 周龄的日增重为 180～240g。采用人工乳喂养比吃母乳快，10～30 日龄日增重 575g，到了 30～50 日龄 832g/d。这意味着仔猪具有巨大的生长潜力。但母乳比人工乳经济。目前采取的措施如下。

a. 提前补饲能满足仔猪快速生长的需要，提高断奶仔猪的消化适应性。主要表现在仔猪的胃酸分泌充分，胃蛋白酶和胰蛋白酶活性高。断奶后 7d 肠绒毛长度增加，腹泻减少，有效防止断奶后生长迟滞。

b. 给仔猪补充代乳料可以克服仔猪断奶引起的消化功能

紊乱，提高对固体饲料的适应性。

② 确定断奶仔猪的适宜采食量。采食量不足不能满足仔猪正常生长需要，过量又会产生下痢。

a. 仔猪断奶对采食量的影响。从母乳到固体饲料会引起仔猪采食量的大幅度下降，个体间差异很大。代谢能不能满足维持需要，为负平衡。代谢能，采食量 1 周后约为 750kJ/kg，约为断奶前的 60%，2 周后才能达到维持需要，3～4 周才达到平稳。断奶后采食量大幅度下降必然引起小肠细胞生长速率和更新速率减缓，从而影响小肠结构和功能完善，造成消化能力下降。

b. 7 日龄时开始给料，在饲喂上采取前 10d 先控制，而后自由采食的办法。

c. 仔猪采食不稳定时不要降低日粮的营养浓度。

③ 保温工作是养好仔猪的重中之重。保温的目的是预防初生仔猪下痢，保证仔猪发挥最大生长潜力所需的条件，降低初生仔猪的死亡率。

a. 温度要求。1～3 日龄 30～32℃；4～7 日龄 28～30℃；15～30 日龄 22～25℃。此时的相对湿度应控制在65%～75%。

b. 断奶仔猪对环境温暖度的要求主要与采食水平有关。由于采食量低，活动量大，断奶后 4～6d 呈能量负平衡，这一阶段消耗的主要是背膘，这就意味着隔热层变薄，散热增加。

c. 为减少环境温度对仔猪造成的影响必须做到以下几点。降温要逐渐进行，一般以每周降 2～3℃为宜；保育舍设施要良好，睡眠区不能有贼风，要求干燥；新断奶仔猪踊跃吃食时才可降低夜间温度，多数情况下，断奶后 1 周才开始实施；夜间降温应保证 12～16h 温度下降不超过 5℃。

④ 初生仔猪补铁。在仔猪出生 2～3d 内颈部注射低分子

右旋糖苷铁 100～150mg。补硒可同时进行。

以上的阐述是仔猪饲养管理的几个方面，总体上说，如果能够做好哺乳母猪饲养、尽早吃到初乳、正确断奶、做好仔猪保暖、控制好环境等环节，就能够达到仔猪成活率高、断奶重大的饲养目的。

（二）保育仔猪（断奶仔猪）的饲养管理

1.保育仔猪的生理特点

保育仔猪是指断奶后在保育舍内饲养的仔猪，即从离开产房开始，到迁出保育舍为止，一般在 30～70 日龄，在保育舍经历 30d 左右。

保育仔猪是刚摆脱仔猪培育最困难的哺乳阶段，进入另一个疾病多发时期的仔猪，为此要求提供一个良好的饲养和环境条件。保育仔猪的生理特点如下。

（1）**抗寒能力差** 保育仔猪一旦离开了温暖的产房和母猪的怀抱，要有一个适应过程，尤其对温度较为敏感，如果长期生活在 18℃ 以下的环境中，不仅影响其生长发育，还能诱发多种疾病。

（2）**生长发育快** 这期间仔猪的食欲特别旺盛，常表现出抢食和贪食现象，称为仔猪的旺食时期（图 4-35）。如果饲养管理方法得当，仔猪生长迅速，在 40～60 日龄，体重可增加 1 倍。

（3）**对疾病的易感性高** 由于断奶而失去了母源抗体的保护，而自身的主动免疫能力又未建立或不坚强，对传染性胃肠炎、萎缩性鼻炎等疾病都十分易感。某些垂直感染的传染病，如猪瘟、猪伪狂犬病等，在这时期也可能爆发。

图 4-35　保育舍内的健康仔猪

2．饲养管理要点

（1）**分群（转群）**　断奶仔猪转群时，一般采取原窝培育法。如果原窝仔猪过多或过少时，需要重新分群。

（2）**调教管理**　新进的仔猪吃食、卧位、饮水、排泄区尚未形成固定位置，所以要加强调教训练，使其形成理想的睡卧区和排泄区。训练方法是要根据猪的生活习性进行，猪一般喜欢在高处、木板上、垫草上卧睡，热天喜睡风凉处，冷天喜睡于温暖处。猪排泄粪便有一定规律，一般多在洞口、门口、低处、湿处、圈角处。调教成败的关键是要抓得早，猪群进入新圈马上开始调教。重点抓以下两项工作。

① 要防止强夺弱食（对霸槽猪勤驱赶）。

② 让猪采食、卧睡排便位置固定，保持圈栏干燥卫生。

具体方法是猪入圈前事先要把猪栏打扫干净，将猪卧睡处铺上垫料（垫草、木板），饲槽投入饲料，水槽上水，并在指定排便处堆少量粪便，泼点水，然后把猪赶入圈内。经过 3～5d 调教，猪就会养成采食、卧睡、排便定位的习惯。

（3）**良好的环境条件** 要注意通风保暖。保育舍的室温不应低于 20℃，取暖小间的温度应达 26℃ 以上。由于保育舍内的猪只多，密度高，在寒冷季节往往可产生大量有害气体（NH_3、CO_2），因此，在保暖的同时要搞好通风，排除有害气体。总之，要做好以下工作。

① 提供适宜的温度。

② 保证适宜的相对湿度，一般在 65%～75%。

③ 猪舍清洁干净、卫生。猪舍内外要经常清扫，有计划消毒，防止传染病发生。

④ 注意通风换气。将猪舍的有害气体排出舍外，保持舍内空气新鲜。冬季注意保温。

⑤ 饲喂饲料标准。应选择蛋白质为 17%～19%，消化能为 13.39MJ/kg 或 13.18MJ/kg 的饲料。

⑥ 设置铁链环玩具。为了防止仔猪恶癖的发生可以设置铁链环玩具。为仔猪设立玩具，可分散其注意力，避免仔猪出现咬尾和吮吸耳朵、吮吸包皮等现象。方法是每栏悬挂两条由铁环连成的铁链，高度以仔猪抬头能咬到为宜，这样不仅可预防仔猪咬尾等恶癖的发生，也满足了仔猪好玩耍的要求。

（4）**限制饲喂** 进入保育舍的第 1 周内，对仔猪要进行控料，限制饲喂，只吃到七八成饱，使仔猪有饥有饱。这样既可增强消化能力，又能保持旺盛的食欲，并能有效地预防水肿病和腹泻性疾病的发生。对保育仔猪要求提供优质的配合饲料。

（5）**免疫接种** 这期间的仔猪是防疫保健的关键时期，首先要进行免疫接种，如猪瘟疫苗、三联苗、伪狂犬病疫苗等，都在这期间接种，应按免疫程序进行。同时根据猪群的实际情况，在饲料中酌情添加促生长剂或抗菌药物。

3.防止僵猪的产生

在生产实践中，常常有一些仔猪生长缓慢，被毛蓬乱无光泽，生长发育严重受阻，形成两头尖、肚子不小的"刺猬猪"，俗称"小老猪"，即僵猪。僵猪的出现会严重影响仔猪的整齐度和均匀度，进而影响整个猪群的出栏率和经济效益。因此，必须采取措施，防止僵猪的产生。

（1）僵猪产生的原因

① 妊娠母猪饲养管理不当，营养缺乏，使得胎儿生长发育受阻，造成先天不足，形成"胎僵"。

② 泌乳母猪饲养管理欠佳，母猪没有奶水或奶水不足，影响仔猪在哺乳期的生长发育，形成"奶僵"。

③ 仔猪多次或反复患病，如营养性贫血、腹泻、白肌病、喘气病、体内外寄生虫等，严重影响仔猪的生长发育，形成"病僵"。

④ 仔猪开食晚补料差，仔猪饲料质量低劣，使得仔猪生长发育缓慢，而成为僵猪。

⑤ 一些近亲繁殖或乱交滥配所生的仔猪，生活力弱，发育差，容易形成僵猪。

（2）防止僵猪产生的措施

① 加强母猪妊娠期和泌乳期的饲养管理。保证蛋白质、维生素和矿物质的供应及能量的供给，使得仔猪在胚胎阶段先天性发育良好；仔猪出生后能吃到足够的奶水，使之在哺乳期生长迅速，发育良好。

② 搞好仔猪的养育和护理，创造适宜的温度环境条件。早开食、适时补料，并保证仔猪料的质量，满足仔猪迅速生长发育的营养需要。

③ 搞好仔猪圈舍卫生和消毒工作。圈舍保持干净清洁，空气新鲜。

④ 及时驱除仔猪体内外寄生虫，能有效防制仔猪腹泻等疾病的发生。对于发病的仔猪，要早发现、早治疗，要及时采取措施，尽量避免重复感染，缩短病程。

⑤ 避免近亲繁殖和母猪偷配，以保证和提高其后代的生活力和质量。

（3）**解僵办法**　应从改善饲养管理入手，如单独饲喂、个别照顾。一般先对症治疗，进行健胃驱虫，然后调整饲料、增加蛋白质饲料、维生素饲料等。多给一些容易消化、营养多汁、适口性好的青饲料，并添加一些微量元素，也可以给一些抗菌抑菌药物。必要时，还可以采取饥饿疗法，让僵猪停食24h，仅仅供给饮水，以达到清理肠道、促进肠道蠕动、恢复食欲的目的。

此外，还应该常常给僵猪洗浴、刷拭、让其晒太阳，并加强放牧运动。

4. 仔猪断奶技术

仔猪断奶前和母猪生活在一起，冷了有保暖的小圈，平时有舒适而熟悉的环境条件，遇到惊吓可以躲避到母猪身边，有母亲的保护。其营养来源为母亲的乳汁和全价的仔猪饲料，营养全面。同窝仔猪也彼此之间很熟悉。而断奶之后，开始了独立的生活，母仔分开。因此，断奶是仔猪营养方式和环境条件变化的转折。如果处理不当，仔猪思念母亲，精神不安，吃睡不宁，非常容易掉膘。再加上其他应激因素，很容易发生腹泻等疾病，会严重影响仔猪的生长发育。因此，选择好适宜的断奶时间，掌握好合适的断奶方法，搞好断奶仔猪的饲养管理就显得十分重要。

（1）**断奶时间的确定**　断奶时间直接关系到母猪年产仔窝数和育成仔猪数，也关系到仔猪生产的效益。目前，国内不少地方仍于56～60日龄断奶，哺乳期偏长。规模化养猪场多在28～32日龄断奶。总的趋势是适当提早断奶，这样，仔猪很早就能采食饲料，不但成活率高、发育整齐，而且由于较早地适应独立采食的生活，到育成期也好培养。农户养猪可适当提早到35～42日龄断奶，最晚不超过50～56日龄。规模化养猪场在早期补饲条件具备的情况下，可实行21日龄断奶。

（2）**提早断奶的注意事项**

① 要抓好仔猪早期开食、补料的训练，使其尽早地适应以独立采食为主的生活方式。

② 早期断奶的饲料一定要全价，断奶的第1周要适当控制采食量，避免过食，以免引起仔猪消化不良而发生腹泻。

③ 断奶仔猪应留在原来的圈舍饲养一段时间，以避免因为换圈、混群、争斗等应激因素的刺激而影响仔猪的正常生长发育。

④ 注意保持圈舍卫生。圈舍要干燥、暖和，还有搞好消毒工作。

⑤ 将预防注射、去势、分群等应激因素与断奶时间错开。

（3）**断奶的方法**　仔猪断奶可采取一次性断奶、分批断奶、逐渐断奶和间隔断奶等方法。

① 一次性断奶。一次性断奶就是到了断奶日龄时，一次性将母仔分开。具体可采取将母猪驱赶出原来的栏舍，保留仔猪在原来的圈舍。此方法简单，并能够使得母猪在断奶后迅速发情。不足之处是突然断奶后，母猪容易发生乳腺炎，仔猪也会因突然受到断奶刺激，影响生长发育。因此，断奶前应注意调整母猪的饲料，降低泌乳量；细心护理仔猪，使之适应新的环境。

② 分批断奶。分批断奶就是将体重大、发育良好、食欲

旺盛的仔猪及时断奶，而让体弱、个体小、食欲差的仔猪继续留在母猪的身边，适当延长其哺乳期，以利于弱小仔猪的生长发育。采用该方法可使整窝仔猪都能正常生长发育，避免出现僵猪。但断奶期延长，会影响母猪的发情配种。

③ 逐渐断奶。逐渐断奶就是在仔猪断奶前 4～6d，把母猪驱赶到离原来圈舍较远的地方，然后每天将母猪赶回原来圈舍数次，并逐日减少驱赶回哺乳的次数。第 1 天可以赶回 4～5 次，第 2 天3～4 次，第 3～5 天停止哺育。这种方法可避免引起母猪乳腺炎或仔猪胃肠道疾病，对母、仔均较有利，但费时费工。

④ 间隔断奶。间隔断奶就是仔猪达到断奶日龄后，白天将母猪驱赶出原来的圈舍，让仔猪独立采食、运动；晚上将母猪赶回原来的圈舍栏内，让仔猪采食部分乳汁。到一定时间再全部断奶。这样，仔猪不会因为环境改变而惊恐不安，影响生长发育，既可达到断奶的目的，也能防止母猪发生乳腺炎。

五、育肥猪的饲养管理

根据育肥猪的生长规律，采取前期饱喂，中期不掉架，后期限饲的原则，或前敞后限的原则。

（一）育肥猪的饲养管理要点

1. 圈舍的准备

育成猪转入的育肥猪舍，要在 1 周前进行彻底清扫消毒。

2. 分群

根据猪只来源、体重、品种、体质、性格和采食等方面将相近似的猪合群饲养。尤其是体重差异不能过大，不宜超过5kg。分群以后要保持猪群的相对稳定，除因疾病、体重差别过大或体质过弱不宜在群内饲养，需要加以调整外，不应任意变动。

合群并圈时，要加强管理和调教，避免或减少咬斗现象。每群猪头数的多少，应依猪舍条件而定。育肥猪每头占地面积控制在 $0.8\sim1.2m^2$，可根据季节不同适当调整，夏季宜疏一点，一般每群以 10 头左右为宜。

3．猪只的调教

调教猪只养成在固定地点排便、睡觉、采食的习惯，可以简化日常管理，减轻劳动强度。采食、睡觉、排便、饮水的定位，宜抓得早、抓得勤，尤其在进栏后 $2\sim3d$，由专人看管，使猪群养成良好的生活习惯（图 4-36）。

图 4-36 育肥猪舍内的猪厕所（猪只定点排便）

（1）饲喂量

不足 50kg：体重×0.045。

50～80kg：体重×0.040。

80kg 以上：体重×0.035。

例如，一头 30kg 的育肥猪，其饲喂量为30kg×0.045＝1.35kg。

（2）饮水器高度

仔猪：10～15cm。

小猪：25～35cm。

中猪：35～45cm。

大猪：45～55cm。

4．控制好猪舍的温度

猪舍内的温度常年以 18℃ 最适合猪只生长发育，所以饲养管理者必须做好夏季防暑降温、冬季御寒保温、保持猪舍干燥、通风换气等工作。

夏季注意防暑降温，可多用水冲圈、修建戏水池（图 4-37，彩图；图 4-38）、淋浴猪体（但必须保证猪舍内通风）或者使用遮阳网。同时采用纱网密封猪舍防止蚊蝇叮咬，控制疾病传播；冬季注意防寒保暖，堵塞孔隙防止贼风，使用垫草或木板保暖，或者使用塑料薄膜保暖，但必须注意使用两层塑料布，中间有一定的隔热层（空间）。

5．做好常见多发病的防制工作

（1）**养猪环境** 要求清洁干燥、空气新鲜、温湿度适宜。

（2）**猪舍内每天定时清扫** 猪舍内每周应带猪消毒 1 次，消毒剂可选用百毒净或百毒杀等。猪舍地面、墙角和运动场用10％～20％石灰乳或 2％～3％烧碱液消毒。或选用正规厂家

图 4-37 育肥猪栏内的戏水池一

图 4-38 育肥猪栏内的戏水池二

生产的专用消毒剂。

（3）**防止育肥猪群发生肠道病** 可以在饲料中定期添加安全系数大、毒性低、无药残、作用强、广谱的抗生素，如土霉素、金霉素等。

（4）**做好疫病的防治工作** 应及时做好猪只的疫苗接种

（如猪瘟、猪丹毒、猪肺疫、链球菌等），以防各类传染病的发生造成死亡。接种的部位常常为耳根后颈部（图 4-39）。

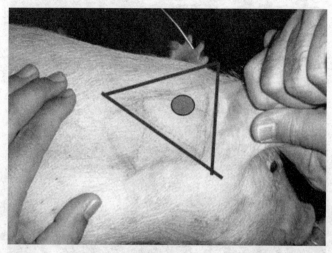

图 4-39　疫苗的颈部肌肉注射部位

（5）**疫苗使用的注意事项**　使用疫苗一定要注意生产厂家、批准文号、生产日期和储存条件，对质量不能保证的疫苗禁止使用。

（6）**注意驱虫工作**　驱除蛔虫常用盐酸左旋咪唑，每千克体重 7.5mg，或经口给予伊维菌素等；驱除疥癣可选用阿维菌素或伊维菌素皮下注射。使用驱虫药后，要注意观察，出现副作用要及时解救，驱虫后排出的虫体和粪便要及时清除，以防再度感染。

（二）育肥猪饲养管理技术及操作规程

1．工作目标

① 育成阶段成活率≥99％。

② 饲料转化率（15～90kg 阶段）≤2.7：1。

③ 日增重（15～90kg 阶段）≥650g。

④ 生长育肥阶段（15～95kg），饲养日龄≤119d，全期饲养日龄≤168d。

2. 工作日程（表4-8）

表4-8　育肥猪每日养殖操作规程安排

时间	工作内容
7:30～8:30	喂饲
8:30～9:30	观察猪群、治疗
9:30～11:30	清理卫生、其他工作
14:30～15:30	清理卫生、其他工作
15:30～16:30	喂饲
16:30～17:30	观察猪群、治疗、其他工作

3. 操作规程

① 转入猪之前，空栏要彻底冲洗消毒，空栏时间不少于 3d。

② 转入、转出猪群每周一批次，猪栏内的猪群批次要清楚明了。

③ 及时调整猪群。强弱、大小、公母分群，保持合理的密度，病猪及时隔离饲养。

④ 转入的第 1 周，饲料中可添加土霉素钙预混剂、泰乐菌素等抗生素，预防及控制呼吸道疾病。

⑤ 49～77 日龄喂小猪料，78～119 日龄喂中猪料，120～168 日龄喂大猪料，自由采食。喂料时参考喂料标准，以每餐不剩料或少剩料为原则。

⑥ 保持圈舍卫生，加强猪群调教。训练猪群吃料、睡觉、排便"三定位"。

⑦ 干粪便要用车拉到化粪池，然后再用水冲洗栏舍，冬

季每隔1天冲洗1次，夏季每天冲洗1次。

⑧ 清理卫生时注意观察猪群排粪情况；喂料时观察猪群食欲情况；休息时检查猪群呼吸情况。发现病猪，要及时治疗。严重病猪隔离饲养，统一用药。

⑨ 按季节、温度的变化，调整好通风降温设备，经常检查饮水器，做好防暑降温等工作。

⑩ 分群合群时，为了减少相互咬架而产生应激，应遵守"留弱不留强""拆多不拆少""夜并昼不并"的原则，可对并圈的猪喷洒药液（如来苏儿），清除气味差异，并群后饲养人员要多加观察（此条也适合于其他猪群）。

⑪ 每周消毒1次，消毒药每周更换1次。

第五章
猪繁殖技术

一、猪的杂交利用

随着人民生活水平的不断提高和国内外对猪肉及其产品品质和安全的关注，养猪业必将由传统饲养向现代化、良种化、规模化和无公害化方向发展。为了适应这种产业发展趋势，必须分级建立曾祖代原种猪场、祖代纯种扩繁猪场、父母代杂交繁育猪场和商品代育肥场四级生长繁育体系。其中，商品猪的生产一般是采用杂交利用途径，充分利用杂种优势，进一步提高商品猪的产肉性能。近20年来，许多畜牧业发达的国家90%以上的商品猪都是杂种猪。杂种优势的利用已经成为工厂化、规模化养猪的基本模式。

1．杂交和杂种优势的概念

猪的杂交是指来自不同品种、品系或类群之间的公、母猪相互交配。在杂交中用作公猪的品种叫父本，用作母猪的品种叫母本，杂交所生的后代称为杂种。对杂种的名称一般是父本品种名称在前，母本品种的名称在后，如用长白猪作父本、大白猪作母本生产的二元母猪叫"长大白"。

所谓杂种优势是指不同品种或品系之间的公、母猪杂交所生的杂种往往在生活力、长势和生产性能等方面，表现出一定程度的优于亲本纯繁群体的现象。

2．杂种优势的表现程度及获得的基础

杂交并不一定能获得杂种优势，能否获得杂种优势以及杂种优势的表现程度主要取决于杂交亲本的遗传性状、相互配合情况以及饲养管理条件。

（1）**不同的经济性状，杂交优势表现不同**　一般遗传力低的性状，如繁殖性状，杂种优势率高，为 20％～40％；遗传力中等的性状，如育肥性状，杂种优势率较高，为 15％～25％；遗传力高的性状，如胴体品质、肉质性状，杂交优势率低，为 15％以下。

（2）**亲本间的差异越大，杂种优势率就越高**　引入的瘦肉型猪种与我国本地猪种杂交，杂种优势明显。如，杜洛克、汉普夏猪与湖北白猪遗传差异大，因而，杂种优势明显。湖北白猪Ⅳ系因为含有长白猪血缘的 50％，因此，与长白猪杂交未表现明显的杂种优势。一般选择日增重大、瘦肉率高、生长快、饲料转化率高、繁殖性能较好的品种作为杂交第一父本，而第二父本或终端父本的选择应重点考虑生长速度和胴体品质。例如，第一父本常选择大白猪和长白猪，第二父本常选择杜洛克猪。母本常选择数量多、分布广、繁殖力强、泌乳力高、适应性强的地方品种、培育品种或引进繁殖性能高的品种。

（3）**亲本越纯，杂种优势率越高**　杂交效果的好坏与亲本的遗传稳定性密切相关，亲本越纯，遗传性能稳定性越强。因此，参与杂交的父、母本品种都要经过不断选育，群体生产性能

和外形特征趋于一致。个体间差异越小，杂种优势才能发挥。

（4）**环境与饲养条件** 猪的经济杂交，一般都涉及两个以上的品种或品系。在杂交利用时，杂种优势性状不仅仅考虑市场发展的需要，还要考虑生产环境、饲养管理条件是否可以满足最大限度地发挥杂种优势的潜力。因此，在杂交利用时，因为数量多、适应性强，在考虑繁殖性能的基础上，一般选择当地品种作为母本。

性状的表现是遗传基础和环境共同作用的结果，营养水平对杂种优势影响很大，瘦肉型猪种对饲料条件要求高，特别是蛋白质水平必须满足，否则，会影响猪的繁殖性能和生长发育。

3.猪的杂交方式

猪的经济杂交方式较多，不同的方式其优缺点也不同，最常用的经济杂交有以下几种。

（1）**二元杂交** 二元杂交又叫作单交，是指两个品种或品系间的公、母猪交配，利用杂交一代进行商品猪生产（图5-1）。这是最为简单的一种杂交方式，且收效迅速。一般父本和母本来自不同的具有遗传互补的两个纯种群体，因此，杂种优势明显。但由于父、母本都是纯种，因而不能充分利用父本和母本的杂种优势。此外，二元杂交仅仅利用了生长育肥性能的杂种优势，而杂种一代被直接育肥，没有利用繁殖性能的优势。采用二元杂交生产商品猪一般选择当地饲养量大、适应力强的地方品种或培育品种作为母本，选择外来品种，如杜洛克、汉普夏、大白猪、长白猪等作为父本。

A 品种（公）×B 品种（母）

↓

AB（全部育肥）

图 5-1 二元杂交示意图

（2）**三元杂交** 三元杂交又称为三品种杂交，这是由 3 个品种或品系参加的杂交，在生产上多采用两个品种杂交的杂种一代母猪作母本，再与第三个品种的公猪交配，后代全部作商品猪育肥（图 5-2）。三元杂交在现代养猪业中具有重要意义。这种杂交方式，母本是两个品种，可以充分利用杂种母猪生活力强、繁殖力高、易饲养的优点。此外，三元杂交的遗传基础比较广泛，可以利用 3 个品种或品系的基因互补效应。因此，三元杂交已经被世界各国广泛采用。缺点是需要饲养 3 个纯种或系，进行两次配合力的测定。

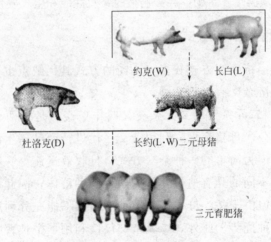

约克(W)   长白(L)

杜洛克(D)   长约(L·W)二元母猪

三元育肥猪

图 5-2   三元杂交示意图

（3）**四元杂交** 四元杂交又叫双杂交或配套系杂交，采用 4 个品种或品系，先分别进行两两杂交，在后代中分别选出优良杂交父本、母本，再杂交获得四元杂交的商品育肥猪（图 5-3）。由于父、母本都是杂种，所以双杂交能充分利用父本和母本的杂种优势，且能充分利用性状互补效应，四元杂交比三元杂交能使商品代猪有更丰富的遗传基础，同时还有发现和培育出"新品系"的可能性。此外，大量采用杂种繁育，可少养纯种，降低饲养成本。20世纪80年代以来，由于四元杂交日渐显示出其优越性而被广泛利用，但四元杂交也存在饲养品种多、组织工作相对复杂的缺点。

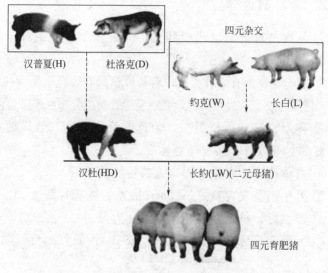

图 5-3　四元杂交示意图

二、父本及母本的选择

1. 父本的选择

① 必须选择有畜禽生产许可证的种猪场。

② 要有档案和系谱记录，属选育的优良公猪。

③ 有强健的四肢和腰部，走路步伐有力，胸部宽深，腹部平直无下垂，臀部宽平丰满有形。

④ 外表符合品种要求，体形好，有效乳头7对以上。

⑤ 生长速度快，体格大，体形匀称，臀部比例大。

⑥ 屠宰率和胴体瘦肉率高，背膘薄，眼肌面积大。

⑦ 无瞎乳头、无隐睾、睾丸无一个大一个小、无小乳头等现象。

2．母本的选择

① 从高产母猪的后代中筛选，同胞至少在 9 头以上，仔猪初生重为 1.2～1.5kg。

② 要有足够的有效乳头数，后备母猪的有效乳头至少在 6 对以上，且充分发育，分布均匀，其中至少 3 对应分布在脐部以前。

③ 体形良好，体格健全、匀称，背线平直，肢体健壮整齐，臀部宽平，符合品种选育标准。

④ 身体健康，本身及同胞无遗传性缺陷。

⑤ 外生殖器发育良好，180 日龄左右能准时发情。

⑥ 母性好，抗逆性强、抗应激能力强。

⑦ 无特定病原病，如气喘病、繁殖-呼吸道综合征等。

三、猪的生殖生理

猪的繁殖是养猪生产的关键技术环节，其中心任务就是使得猪群保持较高的繁殖潜力，适时配种。采取人工授精技术要规范操作过程。生产中还要克服引起猪繁殖障碍的各种因素，使母猪的繁殖能力和遗传特性得到充分的发挥，力争使国外引入母猪每年产胎次都在 2.2 胎以上，年提供猪只 20 头以上，地方猪种应年提供猪只 25 头以上，要达到这一目标，母猪必须能定期发情，而且发情被及时观察到，并适时配种或进行人工授精。

（一）猪的生长器官及功能

1．公猪的生殖器官及功能

公猪的生殖器官包括阴囊、睾丸、附睾、输精管、副性腺（前列腺、精囊腺和尿道球腺）、阴茎、包皮等。睾丸为主要性器官，具有生精和内分泌功能，其他合称副性器官，担负着精子的储存、成熟和运输的任务。构造见图5-4。

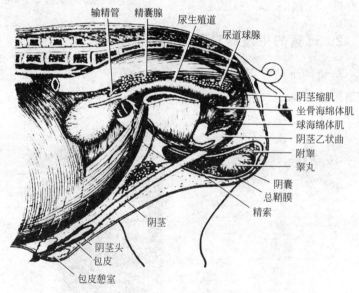

图5-4　公猪的生殖器官

（1）**睾丸**　猪的睾丸藏于阴囊内，阴囊内的温度比体温低3～4℃。这个温度适合精子的生成、储存。如果温度过高，则不利于精子的生成。阴囊能够随着体温和外界环境温度的变化而收缩、松弛，减少散热和加速散热。精子的产生是在睾丸的曲细精管内进行的，猪睾丸中精子的产生需要44～45d的时间。此外，睾丸间质细胞还可以分泌雄性激素（主要是睾丸酮），其主要作用是刺激副性器官的发育和第二性征的出现。

（2）**其他性器官** 附睾是精子成熟和储存的场所，成熟过程大约需要2周的时间；输精管是精子通过的通道；阴茎是交配器官；副性腺的分泌物是精液的主要成分，具有保护、运送精子和增强精子活力等作用。

猪交配需要5～8min。猪属于子宫射精型动物，即公猪将精液射入母猪的子宫内。猪一次射精量为200～400mL，含有精子数量为（200～400）×2亿个。精子可以在母猪的生殖道内存活8～15h。

2. 母猪的生殖器官及功能

母猪的生殖器官主要包括卵巢、输卵管、子宫、阴道、尿生殖前庭等部分。构造见图5-5。

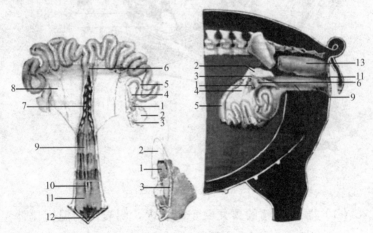

图5-5 母猪的生殖器官

1—卵巢；2—卵巢囊；3—输卵管；4—卵巢固有韧带；5—子宫角；

6—子宫体；7—子宫颈；8—子宫阔韧带；9—阴道；10—尿道外口；

11—尿生殖前庭；12—阴蒂；13—直肠

（1）**卵巢** 卵巢是母猪的主要生殖器官，能够产生并排出成熟的卵子，分泌雌激素、孕激素等性激素。猪的一对卵巢位于腹部，每隔3周母猪有20多个卵细胞发育成熟，直到母猪怀孕。

（2）**其他性器官** 输卵管是猪卵子受精的场所；子宫是胎儿发育的场所；阴道是交配器官。

公、母猪养殖到一定时期，就能够产生成熟的生殖细胞，并开始表现出性行为。猪的性成熟时间因品种、饲养管理条件、气候、环境、营养以及个体情况有较大的差异。在良好的饲养条件下，一般在5～6月龄才达到初情期。在实际生产中，不能过早地利用青年公、母猪，否则会影响猪的身体和生殖器官的发育，缩短公、母猪的利用年限。一般要等到公、母猪的体重达到成年猪体重的60%～70%时再使用。地方品种一般初配年龄为6～7月龄，体重达到60～85kg；国外引入品种的猪则要晚一些，到7～8月龄，公猪体重110kg以上，母猪体重100kg以上时才开始配种。

母猪性成熟后，会出现周期性发情。母猪平均21d左右发情1次，称为一个发情周期。一般在17～25d也视为正常。每次发情持续的时间为4～7d。通常将一个发情周期分为发情前期、发情期（交配期）、发情后期、发情间期（休情期）4个阶段。

（二）发情症状及发情鉴定

发情鉴定是繁殖工作中的一个重要技术环节，是提高母猪繁殖率的重要保证。发情鉴定最佳时间是当母猪喂料后半小时表现平静时进行（由于与喂料时间冲突，主要用于鉴定困难的母猪），每天进行2次发情鉴定，上、下午各1次。检查采用人工查情与公猪试情相结合的方法。配种员所有工作时间的

1/3 应放在母猪发情鉴定上。母猪的发情表现如下。

① 阴门红肿，阴道内有黏液性分泌物。

② 在圈内来回走动，频频排尿。

③ 神经质，食欲差。

④ 压背静立不动。

⑤ 互相爬跨，接受公猪爬跨。

也有发情表现不明显的。发情检查最有效方法是每日用试情公猪对待配母猪进行试情。

从生产实践中总结出发情鉴定的方法"一摸二看三结合"。具有简单、高效、实用的优点。

"一摸"。摸就是用手摸母猪的阴门及将右手食指（剪短指甲）插入母猪阴道，通过对母猪阴户、阴道有无发热、有无黏液及黏液的多少与黏液变化来判断发情情况，来掌握是否可以配种。

"二看"。看就是用肉眼观察母猪外阴户的红肿、皱褶变化和阴道黏液流出与色泽变化情况进行发情鉴定。

"三结合"。就是从多方面入手，采用"人—猪"结合（按压母猪背部）、"猪—猪"结合（公猪试情）的方式，并结合母猪的生产及发情历史记录等辅助手段进行发情鉴定。

（三）配种

1．配种程序

先配断奶母猪和返情母猪，然后根据满负荷配种计划有选择地配后备母猪，后备母猪和返情母猪需配够 3 次。

初期实施人工授精最好采用"1+2"配种方式，即第 1 次本交（自然交配），第 2、第 3 次人工授精；条件成熟时推广"全人工授精"的配种方式，并应由 3 次逐步过渡到 2 次。一定要注意配种的间隔问题。

由于配种时期的准确把握技术难度较大，工厂化养猪生产中多进行复配，即在母猪配种后的 8～24h 后再交配 1 次。在 1 周内正常发情的经产母猪，上午发情，下午配第 1 次，次日上、下午配第 2、第 3 次；下午发情，次日早晨配第 1 次，下午配第 2 次，第 3 日下午配第 3 次。断奶后发情较迟（7d 以上）的及复发情的经产母猪、初产后备母猪，要早配（发情即配第 1 次），也应至少配 3 次。

2．本交的具体方法

本交方法要选择大小合适的公猪，把公、母猪赶到圈内宽敞处，要防止地面打滑。多采用辅助配种的方法，即一旦公猪开始爬跨，立即给予帮助。必要时，用腿顶住交配的母猪，防止公猪抽动过猛母猪承受不住而中止交配。站在公猪后面辅助阴茎插入阴道：使用消毒手套，将公猪阴茎对准母猪阴门，帮助其插入，注意不要让阴茎打弯。整个配种过程配种员不准离开，配完一头再配下一头（图 5-6）。

要注意观察交配过程，并保证配种质量，射精要充分（射精的基本表现是公猪尾根下方肛门扩张肌有节律地收缩，力量充分），每次交配射精 2 次即可，有些副性腺或液体从阴道流出。整个交配过程不得人为干扰或粗暴对待公、母猪。配种后，母猪赶回原圈，填写公猪配种卡，母猪记录卡。

配种时，公、母的大小比例要合理。另外还有些第 1 次配种的母猪不愿接受爬跨，性欲较强的公猪有利于完成交配。

参照"老配早，少配晚，不老不少配中间"的原则。胎次较高（5 胎以上）的母猪发情后，第 1 次适当早配；胎次较低（2～5 胎）的母猪发情后，第 1 次适当晚配。

高温季节宜在上午 8:00 前，下午 5:00 后进行配种。最好

图 5-6　本交

在饲喂之前空腹配种。

做好发情检查及配种记录。发现发情猪，及时登记耳号、栏号及发情时间。

公猪配种后不宜马上沐浴和剧烈运动，也不宜马上饮水。如喂饲后配种必须间隔 0.5h 以上。

3．本交公猪的精检原则

① 所有正在利用的公猪每月必须普查精液品质 1 次。

② 精检不合格的公猪绝对不可以使用，公猪数量不够用的，可采用人工授精方法。

③ 所有的后备公猪必须在精液品质检查合格后方可投入使用。

④ 关于不合格公猪的复检工作，请按《五周四次精检法》进行复检。

《五周四次精检法》的具体要求如下。

a．首次精检不合格的公猪，7d 后复检。

b．复检不合格的公猪，10d 后采精，作废。再隔 4d 后采精检查。

c. 仍不合格者，10d 后再采精，作废。再隔 4d 后作第 4 次检查。

经过连续五周四次精检，一直不合格的公猪建议作淘汰处理，若中途检查合格，则视精液品质状况酌情使用。

四、猪人工授精技术

猪的人工授精是指用器械采取公猪的精液，经过检查、处理和保存，再用器械将精液输入到发情母猪的生殖道内以代替自然交配的一种配种方法。

中国有句俗话："母猪好，好一窝；公猪好，好一坡。"这句话说明，虽然公猪和母猪在后裔的遗传中各占 50% 的影响力，但在正常自然交配的情况下，1 头公猪可与许多头母猪配种，而 1 头母猪只能与一两头公猪配种，年产 2.0～2.4 胎，由此可见，公猪要比母猪重要得多。若优良的公猪得到充分利用，将会给养猪企业带来数倍甚至数十倍的利益。在自然交配的情况下，1 头公猪 1 年最多能负担 25～30 头母猪的配种任务，显然，公猪的使用效率尚未充分发挥，如何充分发挥优良公猪的作用，猪的人工授精技术广泛使用为此提供了可能。

（一）人工授精的优、缺点

猪人工授精技术是以种猪的培育和商品猪的生产为目的而采用的最简单有效的方法，是进行科学养猪，实现养猪生产现代化的重要手段。

1．人工授精的优点

（1）提高优良公猪的利用率，促进品种改良和提高商品猪

质量及其整齐度 在自然交配的情况下，1 头公猪 1 年只能负担 25～30 头母猪的配种任务，繁殖仔猪 600～800 头。而采用人工授精技术，1 头公猪可负担 800～1500 头母猪的配种任务，繁殖仔猪 1 万头以上。对于优良的公猪，可通过人工授精技术，将它们的优质基因迅速推广，促进种猪的品种品系改良和商品猪生产性能的提高。同时，可将差的公猪淘汰，留优汰劣，减少公猪的饲养量，从而减少养猪成本，达到提高效益的目的。

（2）**克服体格大小的差别，充分利用杂种优势** 在自然交配的情况下，一头大的公猪很难与一头小的母猪配种，反之亦然。根据猪的喜好性，相互不喜欢的公、母猪也很难进行配种，这样，对于优良公猪的保种和种猪品质的改良，都将造成一定的困难。对于商品猪场来说，利用杂种优势，培育育肥性能好、瘦肉率高、体形优良的商品猪，特别是出口猪，也将会造成一定的困难。而利用人工授精技术，只要母猪发情稳定，就可以克服上述困难，根据需要进行配种，这样有利于优质种猪的保种和杂种优势作用的充分发挥。

（3）**减少疾病的传播** 进行人工授精的公、母猪，一般都是经过检查证明是健康的猪只，只要严格按照操作规程配种，减少采精和精液处理过程中的污染，就可以减少部分疾病，特别是生殖道疾病（不能通过精液传播的疾病）的传播，从而提高母猪的受胎率和产仔数。但部分通过精液传播的疾病，如口蹄疫、猪水疱病等，采用人工授精时，仍可能传染。故对进行人工授精的公猪，应进行必要的疾病检测。

（4）**克服时间和区域的差异，适时配种** 自然交配时，虽然母猪发情了，但没有公猪可利用，或需进行品种改良，但引进公猪又较困难的现象经常困扰着养猪场。而采用人工授精，则可将公猪精液进行处理保存一定时间，可随时给发情母猪输精配种，可以不引进公猪而购买精液（或冻精），携带方便，经济实惠，并能做到保证质量和适时配种，从而促进养猪业社会效益和经济效益的提高。

（5）**节省人力、物力、财力，提高经济效益**　人工授精和自然交配相比，饲养公猪数量相对减少，节省了部分的人工、饲料、栏舍及资金。即使单纯买猪精，也可能节省很多成本，也会创造出更多的经济效益。

综上所述人工授精的优点归纳如下。

① 有利于预防传染病；

② 提高公猪利用率；

③ 有利于优良品种及优良父系的推广；

④ 可以适时给发情母猪输精配种；

⑤ 可以克服因公、母猪体形悬殊，不易本交的困难；

⑥ 可提高配种成绩；

⑦ 可降低成本。

2．人工授精的缺点

如果本身生产水平不高，技术不过关，很可能会造成母猪子宫炎、受胎率低和产仔数少的情况。建议先学技术，后进行小规模人工授精试验，或自然交配与人工授精结合，随着生产水平和技术的不断提高，再进行推广。

（二）公猪采精舍和采精室

采精舍和采精室是饲养人员进行人工授精、对公猪进行采精和精液处理保存的地方。为防止疾病的传播和外界人为的干扰，地点应相对独立。

1．公猪舍

公猪舍包括公猪栏和采精室。公猪栏有定位栏和活动栏。

定位栏饲养公猪和活动栏饲养相比，在公猪的性欲、精液品质、利用年限等方面均没有明显的区别。在我国，公猪栏大多采用活动栏，四周用砖砌墙，猪栏面积 $4.5\sim6.0m^2$。室外面有单独运动场。因南方夏季气温较高，持续时间长，故最好采用封闭式水帘降温措施；北方冬季气温较低，应做好公猪的保暖工作，使猪舍温度维持在25℃左右。

2．采精室

采精室一般在公猪舍的一端，为独立的房间，是用来集采精液的地方。采精室内有一个固定假台猪，上面应有公猪精液味或母猪尿液味等特殊气味以吸引公猪爬跨。采精室面积为 $2.5m\times2.5m$ 或 $3.0m\times3.0m$，太大或太小均不适用。假台猪一般固定在采精栏的中央或一端靠墙。在我国，以一端靠墙较为方便，可以避免公猪围着母猪台转圈而难于爬跨。地面的一端应略有坡度，便于排除公猪尿液等，并在假台猪后面或周围铺设防滑地板胶，其余地面也不应太光滑，以免公猪行走或爬跨时跌伤、损坏趾蹄。采精室还要设置采精人员安全区，使工作人员在公猪发怒或咬人时便于躲避。安全区一般设在采精栏的四个角或与假台猪平行的靠墙两侧，周围用水泥柱或粗钢管竖起，使人可自由出入而公猪头部却不能进入（图5-7）。假台猪的个数与公猪头数成比例，一般30~50头公猪/个。

3．精液处理室

精液处理室是用来对公猪精液进行检查、稀释、保存的地方，与采精室紧密相连。两者通过墙壁上的窗口相互传递采精杯及精液。有些地方的处理室与采精室、公猪舍相隔100m左右，精液是通过真空泵传递至处理室的，它的优点是防止猪舍污染处理室。除工作人员外，精液处理室不允许其他人员出

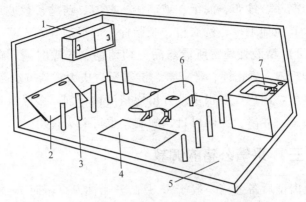

图 5-7　精液的采集区（采精区）示意图

1—预热箱；2—赶猪板；3—防护栏；4—防滑垫；

5—安全区；6—假母猪；7—洗手盆

入，也禁止吸烟，因它是无菌室，卫生环境要求特别严格。要求干净卫生，清洁，地面易清洗，窗子应装不透光的窗帘，有条件的话，可安装空调，做到夏季控温、冬季保暖。墙壁要安装足够的插座及电源开关，因精密仪器较多，为防止雷电等，最好安装地线，并辅助建立工作台、洗手池等。精液处理室分为处理保存室和清洗室，中间可用铝合金玻璃窗隔开，前者主要用于对精液进行检查、稀释和保存，后者用于清洗用过的仪器及分送精液。

（1）**精液处理室需要的主要设备和用具**　显微镜（最好是配有摄像显示屏系统的位相差显微镜）、双蒸水器、磁力搅拌器、干燥箱、37℃恒温板、普通冰箱、集精杯（可用保温杯代替）、16～18℃恒温冰箱（可用普通冰箱改造）、聚乙烯塑料袋或食品保鲜袋、精子密度仪（可用国产分光光度仪代替，也可用红血球稀释吸管和计数器计密度）、输精管（一次性或多次性的）、精密电子天平、输精瓶（袋）、多孔水浴锅、聚乙烯手套（一次性）、精液分装设备、精密温度计、量筒、量杯、烧杯、漏斗、纱布、滤纸、玻璃棒、剪刀、药匙、载玻片、盖玻片。其他如毛巾、洗衣粉、脱脂棉、润滑剂等。

（2）**精液处理室所需药品** 葡萄糖、柠檬酸钠、碳酸氢钠、EDTA、氯化钾、青霉素、链霉素、庆大霉素（少用）。

目前，国内已有很多地方出售精液稀释剂，多以粉状的稀释剂为主，养猪企业既可自己配制，也可购买现用。

（三）采精公猪的调教

瘦肉型后备公猪一般 4～5 月龄开始性发育，而 7～8 月龄进入性成熟。国内一般的养猪企业，后备公猪 6 月龄左右体重达 90～100kg 时结束测定，此时是决定公猪去留的时间，但还不能进行采精调教。准备留作采精用的公猪，从 7～8 月龄开始调教，效果比从 6 月龄就开始调教要好得多，一是缩短调教时间；二是易于采精。研究表明，10 月龄以下的公猪调教成功率为 92％，而 10～18 月龄的成年猪调教成功率仅为 70％，故调教时间也不能太晚。

进行后备公猪调教的工作人员，要有足够的耐心，遇到自己心情不好、时间不充裕或天气不好的情况时，不要进行调教，因这时调教人容易将自己的坏心情强加于公猪身上而达到发泄的目的。

对于不喜欢爬跨或第 1 次不爬跨的公猪，要树立信心，多进行几次调教。不能动不动就打公猪或用粗鲁的动作干扰公猪。若调教人员态度温和，方法得当，调教时自己发出一种类似母猪叫声的声音或经常抚摸公猪，久而久之，调教人员的一举一动或声音都会成为公猪行动的指令，并顺从地爬跨假台猪、射精和跳下假台猪。显然，一个成功的采精人员是和自己的素质分不开的。

调教时，应先调教性欲旺盛的公猪。公猪性欲的好坏，一般可通过咀嚼唾液的多少来衡量，唾液越多，性欲越旺盛。对于那些对假台猪或母猪不感兴趣的公猪，可以让它们在旁边观望或在其他公猪配种时观望，以刺激其性欲的提高。

对于后备公猪，每次调教的时间一般不超过 15～20min，每天可训练 1 次，但 1 周最好不要少于 3 次，直至爬跨成功。调教时间太长，容易引起公猪厌烦，起不到调教效果。调教成功后，1 周内每隔 1d 就要采精 1 次，以加强其记忆。以后，每周可采精 1 次，至 12 月龄后每周采 2 次，一般不要超过 3 次。

后备公猪调教方法常用的有如下几种。

1. 爬跨母猪台法

调教用的母猪台高度要适中，以 45～50cm 为宜，可因猪不同而调节，最好使用活动式母猪台。调教前，先将其他公猪的精液或发情母猪的尿液涂在母猪台上面，然后将后备公猪赶到调教栏，公猪一般闻到气味后，大都愿意唷、拱母猪台，此时，若调教人员再发出类似于发情母猪叫声的声音，更能刺激公猪性欲的提高，一旦有较高的性欲，公猪慢慢就会爬母猪台了。如果有爬跨的欲望，但没有爬跨，最好第 2 天再调教。一般 1～2 周可调教成功。假母猪台规格为，年轻公猪 100～120cm 长、30～35cm 宽、50cm 高，成年公猪 100～120cm 长、30～35cm 宽、60～70cm 高（图 5-8，彩图）。

2. 爬跨发情母猪法

调教前，将一头发情旺期的母猪用麻袋或其他不透明物盖起来，不露肢蹄，只露母猪阴户，赶至母猪台旁边，然后将公猪赶来，让其嗅、拱母猪，刺激其性欲的提高。当公猪性欲高涨时，迅速赶走母猪，而将涂有其他公猪精液或母猪尿液的母

图 5-8　公猪爬跨假母猪台

猪台移过来，让公猪爬跨。一旦爬跨成功，第 2、第 3 天就可以用母猪台进行强化了，这种方法比较麻烦，但效果较好。

无论哪种调教方法，公猪爬跨后一定要进行采精，不然，公猪很容易对爬跨母猪台失去兴趣。调教时，不能让两头或两头以上公猪在一起，以免引起公猪打架等，影响调教的进行和造成不必要的经济损失。

归纳起来，采精公猪的调教的要点如下。

① 先调教性欲旺盛的公猪，下一头隔栏观察、学习。

② 清洗公猪的腹部及包皮部，挤出包皮积尿，按摩公猪的包皮部。

③ 诱发爬跨，将发情母猪的尿或阴道分泌物涂在假台猪上，同时模仿母猪叫声。也可以将其他公猪的尿或唾液涂在假台猪上，目的都是诱发公猪的爬跨欲。

④ 上述方法都不奏效时，可赶来一头发情母猪，让公猪空爬几次，在公猪很兴奋时赶走发情母猪。

⑤ 公猪爬上假台猪后即可进行采精。

⑥ 调教成功的公猪在 1 周内每隔 1 天采精 1 次，巩固其

记忆，以形成条件反射。对于难以调教的公猪，可实行多次短暂训练，每周 4~5 次，每次至多 15~20min。如果公猪表现厌烦、受挫或失去兴趣，应该立即停止调教训练。后备公猪一般在 8 月龄开始采精调教。

⑦ 一定要注意，在公猪很兴奋时，要注意公猪和采精员自己的安全，采精栏必须设有安全角。

（四）采精

经训练调教后的公猪，一般 1 周采精 1 次，12 月龄后，每周可增加至 2 次，成年后 2~3 次。实践表明，一头成年公猪 1 周采精 1 次的精液量比采 3 次的低很多，但精子密度和活力却要好很多，因精子的发生大约需要 42d 完成。采精过于频繁的公猪，精液品质差，密度小，精子活力低，母猪配种受胎率低，产仔数少，公猪的可利用年限短。经常不采精的公猪，精子在附睾储存时间过长，精子会死亡，故采到的精液活精子少，精子活力差，不适合人工授精用。故公猪采精应根据年龄按不同的频率采精，不能因人而异，随意采精。

1. 采精时间及频率

无论采精多少次，一旦根据母猪的多少而定下来采精次数，那么采精的时间就不要更改。比如，一头公猪按规定 1 周只在周三采 1 次，那么到下周一定要在周三采；另一头公猪按规定在周二、周五各采精 1 次，到下周也要在周二、周五采，不能随意更换时间。因为精子的形成和成熟，类似于人的生物钟，有一定的规律，一旦更改，便会影响精液的品质。

2. 采精公猪的利用年限

采精用的公猪的使用年限，国外养猪发达的国家一般为

1.5 年，更新率高。国内的一般可用 2～3 年，但饲养管理要合理、规范。超过 4 年的老年公猪，由于精液品质逐渐下降，一般不予留用。

3．采精前的准备

采精一般在采精室进行，并通过双层玻璃窗口与精液处理室联系，采精前应进行如下的准备。

（1）**工具的准备**　将盛放精液用的食品保鲜袋或聚乙烯袋放进采精用的保温杯中，工作人员只接触留在杯外的袋的开口出处，将袋口打开，环套在保温杯口边缘，并将消过毒的四层纱布罩在杯口上，用橡皮筋套住，连同盖子，放入 37℃ 的恒温箱中预热，冬季尤其应引起重视。采精时，拿出保温杯，盖上盖子，然后传递给采精室的工作人员；当处理室距采精室较远时，应将保温杯放入泡沫保温箱，然后带到采精室，这样做可以减少低温对精子的刺激。

（2）**公猪的准备**　采精之前，应将公猪包皮中的残尿挤出，若阴毛太长，则要用剪刀剪短，以利于采精，防止操作时抓住阴毛和阴茎而影响阴茎的勃起。把公猪的身体用水冲洗干净，特别是包皮部位，并用毛巾擦干净包皮部，避免采精时残液滴流入精液中导致精液污染，也可以减少部分疾病传播给母猪，从而减少母猪子宫炎及其他生殖道或尿道疾病的发生，以提高母猪的情期受胎率和产仔数。

（3）**采精室的准备**　采精前先将母猪台周围清扫干净，特别是公猪精液中的胶体，一旦残落地面，公猪走动很容易打滑，易造成公猪扭伤而影响生产。安全区应避免放置物品，以利于采精人员因突发事情而转移到安全地方。采精室内避免积水、积尿，不能放置易倒或能发出较大响声的东西，以免影响公猪的射精。

4．采精的方法

公猪精液的采取，一般有两种方法，即假阴道采精法和徒手采精法。但目前最常用的为后一种方法。

（1）**假阴道采精法** 即制造一个类似假阴道的工具，利用假阴道内的压力、温度、湿润度与母猪阴道类似的原理来诱使公猪射精而获得精液的方法。

假阴道主要由阴道外筒、内胎、胶管漏斗、气嘴、双连球和集精杯等部分组成。外筒上面有一个小注水孔，可用来注入45～50℃的温水，主要用于调节假阴道内的温度，使其维持在38～40℃。再用润滑剂将内胎由外到内涂均匀，增加其润滑度，后用双连球进行充气，增大内胎的空气压力，使内胎具备类似母猪阴道壁的功能。假阴道一端为阴茎插入口，另一端则装一个胶管漏斗，以便将精液收集到集精杯内。

这种采精方法不只用在猪上，其他家畜采精时也有广泛的应用，这是一种历史较长的采精方法，过去很长时间内曾被国内外广泛采用。但这种方法使用起来比较麻烦，所需设备多，在现阶段猪人工授精技术普遍使用的情况下，显然不利于生产，故国内外目前使用范围不大。

（2）**徒手采精法** 这种方法目前在国内外养猪界被广泛应用，因它是劳动人民智慧的结晶，是根据自然交配的原理而总结的一种简单、方便、可行的方法。使用这种方法，所需设备如采精杯、手套、纱布等简单，不需特制设备，操作简便（图 5-9）。

① 优缺点。这种方法的优点主要是可将公猪射精的前部分和中间较稀的精清部分弃掉，根据需要取得精液。缺点是公猪的阴茎刚伸出和抽动时，容易造成阴茎碰到母猪台而损伤龟头或擦伤阴茎表皮，以及搞不好清洁而易污染精液。

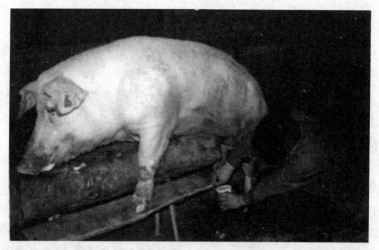

图 5-9　公猪的人工徒手采精

　　② 具体操作方法。将采精公猪赶到采精室，先让其嗅、拱母猪台，工作人员用手抚摸公猪的阴部和腹部，以刺激其性欲的提高。当公猪性欲达到旺盛时，就会爬上母猪台，并伸出阴茎龟头来回抽动。此时，若采精人员用右手采精时，则要蹲在公猪的左侧。右手抓住公猪阴茎的螺旋头处，并顺势拉出阴茎，顺势稍微回缩，直至和公猪阴茎同时运动，左手拿采精杯；若用左手采精时，则要蹲在公猪的右侧，左手抓住阴茎，右手拿采精杯。这样做使采精人员面对公猪的头部，主要是能够注意到公猪的变化，防止公猪突然跳下时伤到采精人员。此时，采精人员如果能发出类似于母猪发情时的"呼呼"声时，因声音和母猪接近，对刺激公猪的性欲将会有很大的作用，有利于公猪的射精。

　　无论用左手或右手，当握住公猪的阴茎时，都要注意要用拇指和食指抓住阴茎的螺旋体部分，其余三个手指予以配合，像挤牛奶一样随着阴茎的勃动而有节律地捏动，给予公猪刺激。采精时，握阴茎的那只手一般要戴双层手套，最好是聚乙烯制品，用这种手套对精子杀伤力较小。当将公猪包皮内的尿液挤出后，应将外层手套去掉，以免污染精液或感染公猪的阴茎。

手握阴茎的力度，太大或太小都不行，应以不让其滑落并能抓住为准。用力太小，阴茎容易脱掉，采不到精；用力太大，一是容易损伤阴茎，二是公猪很难射出精液。公猪一旦开始射精，手应立即停止捏动，而只是握住阴茎，射精完后，应马上捏动，以刺激其再次射精。

当公猪射精时，一般射出的前面较稀的精清部分应弃去不要，当射出乳白色的液体时，即为浓精液，就要用采精杯收集起来。射精的过程中，公猪都会再次或多次射出较稀的精清，以及最后射出的较为稀薄的部分、胶体，这些都应弃去不要。对于精液品质的好坏，相对来说量的多少只是其中的一个衡量指标，更关键的是要看精子的密度和活力的高低。初学者大都将公猪射出的较稀的精清和浓的精液全部收集起来计量，以此来衡量公猪的好坏，这是不恰当的。因为，同品种的不同公猪及不同品种的公猪在射精量和精子浓度方面都有个体的差异，尤以不同品种公猪之间较为突出，如大约克的射精量大，但浓度稀；杜洛克公猪的射精量小，但浓度高。因此，在相同的采精方法下，应以精子密度、活力为主进行评价，而精液量只是其中一个标准。

应注意的是，采精杯上套的四层过滤用纱布，使用前不能用水洗，若用水洗则要烘干。因水洗后，相当于采得的精液进行了部分稀释，即使水分含量较少，也将会影响精液的浓度。

采完精液后，公猪一般会自动跳下假台猪。当公猪不愿下来时，可能是还要射精，故工作人员应有耐心。对于那些采精后不下来而又不射精的公猪，不要让它形成习惯，应驱赶它下母猪台。

对于采得的精液，先将过滤纱布及上面的胶体丢弃掉，然后将卷在杯口的精液袋上部撕去，或将上部扭在一起，放在杯外，用盖子盖住采精杯，迅速传递到精液处理室进行检查、处理。

总结起来，采精过程包含以下内容。

① 采精杯的制备。先在保温杯内衬一个一次性食品袋，再在杯口覆四层脱脂纱布，用橡皮筋固定，要松一些，使其能沉入 2cm 左右。制好后放在 37℃ 恒温箱备用。

② 在采精之前先剪去公猪包皮上的被毛，防止干扰采精及细菌污染。

③ 将待采精公猪赶至采精栏，用 0.1% KMnO$_4$ 溶液清洗其腹部及包皮，再用清水洗净，抹干。

④ 挤出包皮积尿，按摩公猪的包皮部，待公猪爬上假台猪后，用温暖清洁的手（有无手套皆可）握紧伸出的龟头，顺公猪前冲时将阴茎的"S"状弯曲拉直，握紧阴茎螺旋部的第一和第二摺，在公猪前冲时允许阴茎自然伸展，不必强拉。充分伸展后，阴茎将停止推进，达到强直、"锁定"状态，开始射精。射精过程中不要松手，否则压力减轻将导致射精中断。

⑤ 收集浓份精液，直至公猪射精完毕时才放手，注意在收集精液过程中防止包皮部液体等进入采精杯。

⑥ 在采精过程中不要碰阴茎体，否则阴茎将迅速缩回。

⑦所有的公猪都采精完毕后，在下班之前彻底清洗采精栏。

⑧ 采精频率。成年公猪每周 2 次，青年公猪每周 1 次（1 岁左右），一定要固定每头公猪的采精频率。

（五）精液品质检查处理和保存

精液的品质检查、稀释处理和保存，均在精液处理室进行，除了本处理室工作人员外，其他人员禁止入内。

1. 精液品质的检查

由采精室传递过来的精液，要马上进行鉴定，以便决定可否留用，从而保证母猪的受胎率和产仔数的提高。检查精液的主要指标有精液量、颜色、气味、精子密度、精子活力、酸碱度、黏稠度、畸形精子率等。每一份经过检查的公猪精液，都要有一份详细的检查记录，以备对比及总结。

检查前，将精液转移到在 37℃ 水浴锅内预热的烧杯中，或直接将精液袋放入 37℃ 水浴锅内保温，以免因温度降低而影响精子活力。整个检查活动要迅速、准确，一般在 5～10min 完成。

（1）**精液量** 后备公猪的射精量一般为 150～200mL，成年公猪的射精量为 200～300mL，有的高达 700～800mL。精液量的多少因品种、品系、年龄、采精间隔、气候和饲养管理水平等不同而不同。

（2）**颜色** 正常精液的颜色为乳白色或灰白色，精子的密度愈大，颜色愈白；密度越小，则颜色越淡。如果精液颜色有异常，则说明精液不纯或公猪有生殖道病变。如呈绿色或黄绿色时则可能混有化脓性物质；呈红色时则有新鲜血液；呈褐色或暗褐色时则有陈旧血液及组织细胞；呈淡黄色时则可能混有尿液等。凡发现颜色有异常的精液，均应弃去不用，同时，对公猪进行对症处理、治疗。

（3）**气味** 正常的公猪精液含有公猪精液特有的微腥味，这种腥味不同于鱼类的腥味，没有腐败恶臭的气味。有特殊臭味的精液一般混有尿液或其他异物，一旦发现，不应留用，并检查采精时是否有失误，以便下次纠正。

（4）**酸碱度** 可用 pH 试纸进行测定。公猪精液一般呈弱碱性或中性，其酸碱度与精子密度呈负相关，pH 值越接近中性或弱酸性，则精子密度越大，但过酸过碱都会影响精子的活力。

（5）**黏稠度**　精液黏稠度的高低与精子密度密切相关，精子密度越高的精液，则黏稠度也高；精子密度小的精液，黏稠度也小。

（6）**精子密度**　精子密度是指每毫升精液中含有的精子量，它是用来确定精液稀释倍数的重要依据。正常公猪的精子密度为 2.0 亿～3.0 亿/mL，有的高达 5.0 亿/mL。精子密度的检查方法有以下几种。

① 红细胞稀释吸管计数法。这种方法是用手动计数器和血细胞计数板来统计精子密度的。目前，在国内应用较多，成本低，计算较准确，但所用时间多，使用效率低。

主要做法是先用红血球稀释吸管取精液到球下的 0.5（稀释 200 倍）或 1.0 刻度处（稀释 100 倍），然后再吸取注射用生理盐水到膨大部上方的 101 刻度处，用两指（拇指和食指或中指）紧紧压住吸管的两端进行摇动混合均匀，吸取的过程中，不允许有空气混入吸管，以免影响准确度。摇匀后，将吸管末端的液体擦干，并去掉前几滴混合液，然后顺着盖有盖玻片的血细胞计数板的边缘，让混合液渗入到计数板内，再通过显微镜观察，用计数器计数，这种检查一般为总精子数。然后利用公式计算每毫升精子的密度。精子密度的计算公式为

全方格内的精子数×10(厚度的倍数)×稀释倍数(100 或 200)×1000＝精子数（mL）

② 简单检查密度法。这种方法不用计数，用眼观察显微镜下精子的分布，精子所覆盖的面积大过空间面积的为"密"，小于空间面积的为"稀"，介于两者之间的为中等。一般只用"密"和"中等"的精液，"稀"的应弃去。这种方法简单，但

对于不同检查人员而言，主观性强，误差较大，只能对公猪进行粗略的评价，故大型养猪场一般不采用这种方法，只适应个体户或人工授精数量少的猪场。

③ 用精子密度仪计算精子密度。在养猪业发达的国家或养殖规模较大的猪场多采用这种方法，它极为方便，检查时间短，准确率高，使用寿命长，但价格较贵，一般国外进口都在1万元人民币以上，但若用国产分光光度计改装，也较为适用。

它有两种类型。一种是德国的精子密度仪，它是将原精液一滴，滴在一个一次性的特制塑料板上，然后通过仪器直接测量精子的密度，这种方法一般要先进行密度仪的校正。另一种是利用光电比色法，以精子对光通透性差为依据，用分光光度计读出一个数字，然后再根据事先准备好的标准曲线确定精子的密度。

这两种类型都有一个缺点，就是会将精液中的异物按精子来计算。用精子密度仪检查精子密度，将是国内外猪人工授精人员较好的选择。

（7）精子活力　精子活力的高低关系到配母猪受胎率和产仔数的高低，因此，每次采精后及使用精液前，都要进行活力的检查，以便确定精液能否使用及如何正确使用。精子活率的检查必须用37℃左右的保温板，以维持精子的温度需要。一般先将载玻片和盖玻片放在保温板上预热至37℃左右后，再滴上精液，在显微镜下进行观察。若有条件，可在显微镜上配置一套摄像显示仪，将精子放大到电脑屏幕上进行观察。在我国精子活力一般采用10级制，即在显微镜下观察一个视野内的精子运动，若全部直线运动，则为1.0；有90%的精子呈直线运动则活力为0.9；有80%的呈直线运动，则活力为0.8，依次类推。鲜精液的精子活率以高于0.7为正常，使用稀释后的精液，当活力低于 0.6 时，则应弃去不用。

（8）**畸形精子率** 畸形精子是指断尾、断头、有原生质、头大的、双头的、双尾的、折尾等畸形的精子。一般不能直线运动，受精能力较差，影响精子的密度。若通过摄像显示仪观察，则很容易区分。若用普通显微镜观察，则需染色。若用相差显微镜，则可直接观察。公猪的畸形精子率一般不能超过 20%，否则应弃去。

2. 精液的处理

经过检查的精液，差的弃去，品质好的进行稀释处理留用。优良公猪利用率的高低，关键在于精液处理、保存的好坏。处理后的精液和原精液相比，一是扩大了与配母猪头数，能迅速将优秀公猪基因推广开来；二是增加了精液的营养成分，有利于精液的保存；三是便于运输。

处理精液必须在恒温的环境中进行，检查品质后的精液和稀释液都要在 37℃ 恒温下预热，两者温度上、下不能超过 1℃，否则会对精子造成应激。处理时，应严禁太阳光直射精液，因阳光对精子有一定的杀伤力。所用的稀释水应是经检查有害物质不超标的纯净水或蒸馏水，最好采用双蒸水，但因水源不同，精液中精子对不同品质的水有一定的选择性。稀释液一般要在采精前准备好，并进行预热。

3. 公猪全份精液品质检查暂行标准

（1）**优** 精液量 250mL 以上，活力 0.8 以上，密度 3.0 亿/mL 以上，畸形率 5% 以下，感官正常。

（2）**良** 精液量 150mL 以上，活力 0.7 以上，密度 2.0 亿/mL 以上，畸形率 10% 以下，感官正常。

（3）**合格** 精液量 100mL 以上，活力 0.6 以上，密度

0.8亿/mL以上，畸形率18%以下（夏季定为20%），感官正常。

（4）**不合格** 精液量100mL以下且密度0.8亿/mL以下，活力0.6以下，畸形率18%以上（夏季定为20%），感官正常。

注意：以上四个条件只要有一个条件符合即评为不合格。

（六）稀释、分装与运输

1. 稀释液的准备

稀释液有市场上专业公司出售的和自配的两种，根据情况，可自由选择。不过，对于市售的稀释液，要先进行试验，以观察效果的好坏，再决定是否大批量应用。对于原精液来说，稀释液可以增加配种数量；再就是可以提供足够的能量，以保证保存和延长精子的寿命。

稀释液有多种配方，分短期保存稀释液和长期保存稀释液等。短效稀释液一般要在3d内使用，否则效果较差。长效的可保存5～8d，但配种受胎率及母猪产仔数不及短效稀释液。配制稀释液要用精密电子天平，精确度越高越好。对于药品，可采用分析纯药品。配制好的稀释液，在采精前用双蒸水进行混合溶解，可用磁力搅拌器以促进溶解。溶解完后，用滤纸进行过滤，以除去杂质，因精子有亲异物性，若有异物则容易聚头。然后，在水浴锅内进行预热，以备使用，也可配制好后先储存，但要在24h内使用完。抗生素的添加，应在稀释精液时加入到稀释液中，太早易失去效果。

2. 精液稀释头份的确定

稀释前，应对自己所需稀释的精液头份进行确定。稀释头份可按如下方法进行计算：人工授精的正常剂量一般为 30 亿～50 亿个精子/1 个剂量，体积为 80～100mL。国外一般采用 30 亿/80mL 头份，我国一般采用 40 亿左右/100mL 头份，不过，这主要是根据实际情况而定。正常的公猪精液，假如密度为 2 亿/mL，采精量为 150mL，并计划稀释后密度为 40 亿/100mL 头份，则此公猪精液可稀释 150×2/40＝7.5 头份，即需加（750－150）mL＝600mL 稀释液。不过，同一种稀释液，精子密度越大，因所消耗能量多，保存时间也就越短。

3. 精液的稀释

稀释前，稀释液的温度应和精液接近，相差不能超过 1℃。根据计算好的稀释头份，用量杯量取稀释液的体积，或简单一点，按 1mL 精液或稀释液约等于 1g、用精密电子天平直接称量。稀释时，将稀释液顺着盛放精液的量杯壁慢慢注入精液，并不断用玻璃棒搅拌，以促进混合均匀；不能将稀释液直接倒入精液，因精子需要一个适应的过程。还有的做法是，先将稀释液慢慢注入精液一部分，搅拌均匀后，再将稀释后的精液倒入稀释液中，这样有利于提高精子的适应能力和稀释精液的均匀混合。精液稀释的成败，与所用仪器的清洁卫生有很大关系。所有使用过的烧杯、玻璃棒及温度计，都要及时用蒸馏水洗涤，并进行高温消毒，这是稀释后的精液能保证适期保存和利用的重要条件。

4. 稀释后精液的分装

精液的分装，有瓶装和袋装两种。装精液用的瓶子和袋子均为对精子无毒害作用的塑料制品。瓶装的精液分装时简单方便，易于操作，但输精时需人为挤、压或瓶底开口，因瓶子有一定的固体形态。袋装的精液分装一般需要专门的精液分装机，用机械分装、封口。但输精时因其较软，一般不需人为挤压。瓶子一般上面均有刻度，最高的刻度为 100mL，袋子一般为 80mL。

分装后的精液，要逐个粘贴标签，一般一个品种一个颜色，便于区分。注意要在上面标明公猪耳号、采精处理时间、稀释后密度、经手人等，并将以上各项登记到记录本上，以备查验。

5. 稀释后精液的保存

分装后的精液，不能立即放入 17℃左右的恒温冰箱内，应先留在冰箱外 1h 左右，让其温度下降，以免因温度下降过快而刺激精子，造成死精子等增多。

放入冰箱时，不同品种的公猪精液应分开放置，否则匆忙中容易拿错精液。不论是瓶装的或是袋装的，均应平放，并可叠放。从放入冰箱开始，每隔 12h，要摇匀 1 次精液，因精子放置时间一长，会大部分沉淀。对于一般猪场来说，可在早上上班、下午下班时各摇匀 1 次。为了便于监督，每次摇动的人都应有摇动时间和人员的记录。

保存过程中，一定要时时注意冰箱内温度计的变化，以免因意想不到的原因而造成电压不稳而导致温度升高或降低。

6. 精液的运输

对于远距离购精液的猪场，运输过程是一个关键的环节。保温或防暑条件做得好的，运到几千千米之外，精子活力等还较强，使用效果仍然很好，母猪受胎率和产仔数也仍很高。做得不好的，就是同一场内不同时间、地点使用，死精率也是很高的，使用效果很差。高温的夏天，一定要在双层泡沫保温箱中放入冰（17℃恒温），再放精液进行运输，以防止天气过热，死精太多。严寒的季节，要用保温用的恒温乳胶或棉花等在保温箱内保温。

使用冻精，运输时要用液氮罐，因这种技术难度较大，除了国外使用较广外，在猪方面，国内应用还不广泛，故不作详细介绍。

（七）输精

输精是人工授精技术的最后一关，输精效果的好坏，关系到母猪情期受胎率和产仔数的高低，而输精管插入母猪生殖道部位的正确与否，则是输精的关键。

1. 发情母猪的鉴定

母猪的发情，后备猪比经产母猪难于鉴定，长白母猪比大约克、杜洛克母猪等难于鉴定。一般可通过下面的方法进行鉴定。

发情的母猪，外阴开始轻度充血红肿，后较为明显，若用手打开阴户，则发现阴户内表颜色由红到红紫的变化；表现为部分母猪爬跨其他母猪，也任其他母猪爬跨，接受其他猪只的调情。当饲养员用手压猪背时，母猪会由不稳定到稳定，当赶一头公猪至母猪栏附近时，母猪会表现出强烈的交配欲。当母猪阴户呈紫红色，压背稳定时，则说明母猪已进入发情旺期。

对于集约化养猪场来说，可采用在母猪栏两边设置挡板，让试情公猪在两挡板之间运动，与受检母猪沟通，检查人员进入母猪栏内，逐头进行压背试验，以检查发情程度。

2. 适时输精

进行母猪输精时，新鲜精液和保存精液有一个时间的差别。新鲜精液因精子活力强，死精率低，故配种时母猪受胎率高；保存精液随着保存时间的延长，精子活力逐渐变弱，死精子数增多，母猪受胎率偏低。一般情况下，上午发现站立反应的母猪，下午应输精1次，第2天上、下午再各进行1次输精；下午发现站立反应的母猪，第2天上、下午各输精1次，第3天上午再进行1次输精。

3．输精的准备

输精前，精液要进行镜检，检查精子活力、死精率等。对于死精率超过20%的精液不能使用。对于多次重复使用的输精管，要严格消毒、清洗，使用前最好用精液洗1次。母猪阴部冲洗干净，并用毛巾擦干，防止将细菌等带入阴道。

4．输精管的选择

输精管有一次性的和多次性的两种。

一次性的输精管，有螺旋头型和海绵头型。长度为50～51cm。螺旋头一般用无副作用的橡胶制成，适合于后备母猪的输精；海绵头一般用质地柔软的海绵制成，通过特制胶与输精管粘在一起，适合于经产母猪的输精。选择海绵头输精管时，一应注意检查海绵头粘得牢不牢，不牢固的容易脱落到母猪子宫内；二应注意海绵头内输精管的深度，一般以0.5cm为好，因输精管在海绵头内包含太多，则输精时因海绵体太硬而损伤母猪阴道和子宫壁，包含太少则因海绵头太软而不易插入或难于输精。一次性的输精管使用方便，不用清洗，但成本较高，大型集约化养猪场一般采用此种方法（图5-10）。

多次性输精管，一般为一种特制的胶管，因其成本较低可重复使用而较受欢迎，但因头部无膨大部或螺旋部分，输精时易倒流，并且每次使用均应清洗、消毒，若保管不好还会变形。

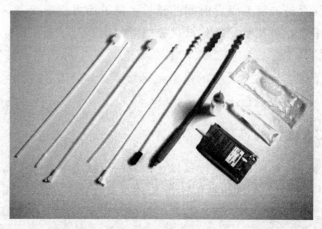

图 5-10 输精工具

5．输精方法

输精时，先将输精管海绵头用精液或人工授精用润滑胶润滑，以利于输精管插入时的润滑，并赶一头试情公猪在母猪栏外，刺激母猪性欲的提高，促进精液的吸收。

用手将母猪阴唇分开，将输精管沿着稍斜上方的角度慢慢插入阴道内。当插入 25～30cm 时，会感到有一点阻力，此时，输精管顶端已到了子宫颈口，用手再将输精管左右旋转，稍一用力，顶部则进入子宫颈第 2～3 皱褶处，发情好的猪便会将输精管锁定，回拉时则会感到有一定的阻力，此时便可进行输精。

用输精瓶输精时，当插入输精管后，用剪刀将精液瓶盖的顶端剪去，插到输精管尾部就可输精；精液袋输精时，只要将输精管尾部插入精液袋入口即可。为了便于精液的吸收，可在输精瓶底部开一个口，利用空气压力促进吸收。

输精时输精人员同时要对母猪阴户或大腿内侧进行按摩。实践证明，大腿内侧的按摩更能增加母猪的性欲。有些输精人员倒骑在母猪背上，并进行按摩，效果也很显著。正常的输精时间长短应和自然交配的时间一样，一般为 3～10min，时间太短，不利于精液的吸收，太长则不利于人工授精工作的进行，输精操作方法见图 5-11～图 5-14，图 5-14 见彩图 5-14。

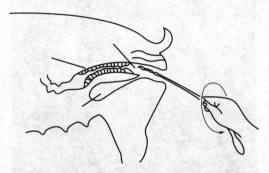

图 5-11 输精操作（斜上插入，逆时针转动）

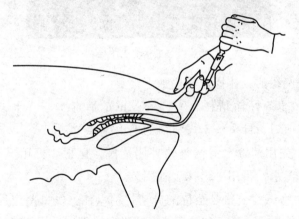

图 5-12 输精操作（输精导管锁定在子宫颈口）

为了防止精液倒流，输完精后，不要急于拔出输精管。将精液瓶或袋取下，将输精管尾部打折，插入去盖的精液或袋孔内，这样既可防止空气的进入，又能防止精液倒流。

刚开始用人工授精的猪场多采用 1 次本交、2 次人工授精的做法，以后再逐渐过渡到全部人工授精。

输精前必须检查精子活力，低于 0.6 的精液坚决丢弃掉。

图 5-13　母猪群人工输精

生产线的具体操作程序如下。

① 准备好输精栏、0.1% $KMnO_4$ 消毒水、清水、抹布、精液、剪刀、针头、干燥清洁的毛巾等。

② 先用消毒水清洁母猪外阴周围、尾根，再用温和清水洗去消毒水，再用毛巾抹干外阴。

③ 将试情公猪赶至待配母猪栏前（注：发情鉴定后，公、母猪不再见面，直至输精），使母猪在输精时与公猪有口鼻接触，输完几头母猪更换一头公猪以提高公、母猪的兴奋度。

④ 从密封袋中取出无污染的一次性输精管（手不准触及其前 2/3 部），在前端涂上对精子无毒的润滑油。

⑤ 将输精管斜向上插入母猪生殖道内，当感觉到有阻力时再逆时针旋转并稍用力插入，直到感觉其前端被子宫颈锁定为止（轻轻回拉不动）。

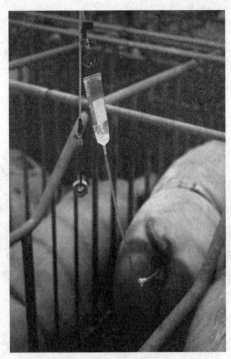

图 5-14 人工输精方法

⑥ 从储存箱中取出精液，确认标签正确。

⑦ 小心混匀精液，剪去瓶嘴，将精液瓶接上输精管，开始输精。

⑧ 轻压输精瓶，确认精液能流出，用针头在瓶底扎一小孔，按摩母猪乳房、外阴或压背，使子宫产生负压将精液吸纳，绝不允许将精液挤入母猪的生殖道内（图 5-15）。

⑨ 通过调节输精瓶的高低来控制输精时间，一般 3～10min 输完，最快不要低于 3min，防止吸得快，倒流得也快。

⑩ 输完后在防止空气进入母猪生殖道的情况下，将输精管后端折起塞入输精瓶中，让其留在生殖道内，慢慢滑落。于下班前集好输精管，冲洗输精栏。

图 5-15　人工授精时的倒骑和按摩示意图

⑪ 输完一头母猪后，立即登记配种记录，如实评分。

补充说明：

① 精液从 17℃ 冰箱取出后不需升温，直接用于输精。

② 输精管的选择。经产母猪用海绵头输精管，后备母猪用尖头输精管，输精前需检查海绵头是否松动。

③ 两次输精之间的时间间隔为 8～12h。

④ 输精过程中出现排尿情况要及时更换一条输精管，拉粪后不准再向生殖道内推进输精管。

⑤ 进行了 3 次输精后，又过了 12h 仍出现稳定发情的个别母猪，可增加 1 次人工授精。

⑥ 全人工授精的做法。母猪出现"站立反应"（静立反射）后 8～12h，用 20IU 催产素一次肌注，在 3～5min 后实施第 1 次输精，间隔 8～12h 进行第 2、第 3 次输精。发情检查时刺激起反应的部位，按压母猪腰荐部，母猪是否有呆立不动——静立反射出现，如果有则说明可以进行人工授精了。这就是群众俗称："坐压不哼不动，配种百发百中。"（图 5-16）

6. 输精操作的跟踪分析

输精评分的目的在于如实记录输精时的具体情况，便于以

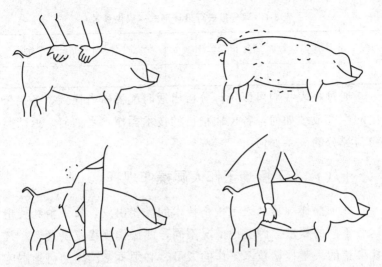

图 5-16　母猪发情鉴定（静立反射）示意图

后在返情失配或产仔少时查找原因，制订相应的对策，在以后的工作中采取改进的措施。输精评分分为三个方面、三个等级。

（1）站立发情　1分（差）；2分（一些移动）；3分（几乎没有移动）。

（2）锁住程度　1分（没有锁住）；2分（松散锁住）；3分（持续牢固紧锁）。

（3）倒流程度　1分（严重倒流）；2分（一些倒流）；3分（几乎没有倒流）。

为了使输精评分可以比较，所有输精员应按照相同的标准进行评分，且同一个输精员应做完一头母猪的全部几次输精，实事求是地填报评分。

具体评分方法：比如一头母猪站立反射明显，几乎没有移动，持续牢固紧锁，一些倒流，则此次配种的输精评分为333，不需求和（表5-1）。

表 5-1　评分报表可设计形式 (仅供参考)

与配母猪	日期	首配公猪	评分	二配公猪	评分	三配公猪	评分	输精员	备注

通过报表我们可以统计分析出适时配种所占比例，各头公猪的生产成绩如何，各位输精员的技术操作水平如何，返情与输精评分的关系如何。

（八）人工授精工作人员操作规程

此项操作规程从人工授精技术的需要出发，从采精到授精均有不同的要求。因各地情况不同，此操作规程仅供参考。凡从事猪的人工授精技术工作的人员，必须具备严谨的科学态度和认真的工作方法，并严格遵守以下规程。

1．采精

① 工作人员在 7～9 月早上 6：00 上班，其他时间按正常上班时间上班。

② 每头后备公猪每周采精 1 次，生产公猪采精 2 次，尽量不得超过 3 次。

③ 采精前先将尿囊中的尿液挤出，然后清洗、消毒公猪的包皮部。若阴毛太长，必须剪短。

④ 采精和训练后备公猪的过程中，工作人员态度要温和，切忌粗暴，更不能随意抽打公猪。

⑤ 采精过程中的稀精和胶体部分均要弃去。

⑥ 若发现采得的精液品质较差，在保证正常饲养条件下，对该公猪每隔 2 周检查 1 次精液，1 个月后再决定去留。

⑦ 负责后备公猪的训练、调教工作，直到能正确采到精液。

⑧ 每次采精必须有记录，并保持完整的采精记录。

2．精液处理室

主要负责精液的检查、稀释、保存等工作。除了工作人员，处理室不准其他人员出入，并禁止吸烟。

① 对采精人员送回的原精液，要及时保温、检查，凡活力低于 0.6 或死精超过 20％的一律弃去不用。

② 保证稀释液的科学配方，个人未经场部同意，不准随意更改。稀释后的精子密度在 40 亿～50 亿个/100mL。

③ 稀释后的精液要能保存 3d，且活力无明显下降。

④ 精液瓶上要标明公猪品种、耳号、采精时间、密度、处理经手人等，否则配种人员有权拒用。

⑤ 精液储存时，温度保持在 17～18℃，并隔 12h 摇动 1 次精液瓶，责任人要签名，记录时间。

⑥ 每天每个品种要保持一定数量的精液，以备出售和临时使用。

⑦ 精液使用前，要镜检精子的活力，活力低于 0.6 或死精多的不准给配种人员使用。

⑧ 遇到饲养员有人工授精方面的问题时，要认真、耐心、用科学的道理说服对方，不能凭直觉胡乱应付。

⑨ 冰箱内严禁存放杂物和饮料。

⑩ 合理使用空调，早上上班打开，下午下班关掉。

⑪ 使用过的仪器、用具，如显微镜、电子天秤、密度仪等，要及时擦拭、清洗，保持仪器、用具的清洁。

⑫ 爱护公物，若有仪器或用具不慎损坏，要及时报告。

⑬ 做好登记公猪的品种、耳号、采精时间、处理前后的密度、活力、体积、去向等工作，要保证资料的准确性和科学性，做到有检必有记录。

3. 输精

输精人员根据前一天各配种舍提供的需配母猪的情况，将精液送到目的地并输精。

① 纯种繁殖母猪，根据指定的可配公猪配种，严禁错配和近交。

② 从处理室到输精地点，要用保温箱携带精液，以免外界温度过高或低而使精子受到应激。

③ 输精前，要对母猪外阴进行清洗、消毒。

④ 输精时间与自然交配相近（3～10min），若太慢可在精液瓶底部开一小孔，利用空气压力输精。

⑤ 为了防止精液倒流，输完精后输精管不要拉出，将其尾部打折，放入去盖的精液瓶中，让其自行脱落。

⑥ 输精时要使用润滑剂。

⑦ 输精后，要及时记录母猪耳号，与配公猪耳号和输精时间，并登记到母猪记录卡上。

以上各项，工作人员必须认真执行。

第六章
猪场的卫生防疫
与环境条件控制 >>>

一、正确选择和使用消毒剂

消毒是用物理的、化学的和生物的方法杀灭病原微生物。其目的是预防和控制疾病的发生、传播和蔓延。下面仅对化学消毒剂的使用加以说明。

1. 酚类、醛类、强碱类消毒剂

这类消毒剂的配比浓度越高，消毒剂分子就越多，消毒效果就越好；温度越高，消毒剂分子运动就越快，消毒效果就越好；环境中有机物越少，消毒剂分子碰到病原微生物的机会就越多，消毒效果就越好。具体使用时，须注意配比浓度、环境温度和环境中有机物浓度。

这类消毒剂会通过分子碰撞原理使病原体蛋白质变性、发生沉淀，作用特点是杀菌、杀病毒无选择性，可损害一切生命物质，属于原浆毒，消毒过程中可破坏宿主组织，会污染环境，破坏设备。此类消毒剂仅可用于空室、环境消毒，绝不能带猪消毒。如酚类、醛类、强碱类等。

（1）**酚类消毒剂** 具有臭药水味的一类消毒剂。这类消毒剂商品名最多，如苯酚、复合酚等，其中，复合酚是酚类消毒剂中消毒效果最好的。常用于消毒池和排泄物的消毒。具体消毒时须先把环境冲洗得干干净净，浓度要达到 $0.5\%\sim1\%$ 以上，温度不能低于 $80℃$，消毒效果才好。

（2）**碱类消毒剂** 烧碱、生石灰等。常用 $2\%\sim3\%$ 烧碱和 $10\%\sim20\%$ 石灰乳消毒及刷白猪场墙壁、屋顶、地面等，假如配制烧碱溶液时提高温度、加入食盐，消毒效果更佳。用烧碱液消毒时应注意防护，消毒猪舍地面后 $6\sim12h$，应再用清水冲洗干净，以免引起猪肢蹄、趾足和皮肤损害。干石灰不能用，应用 20% 现配的石灰乳消毒才有效。

（3）**醛类消毒剂** 甲醛（福尔马林）、戊二醛。甲醛是最好的熏蒸消毒剂，熏蒸消毒必须有较高的室温（高于 $18℃$），相对湿度为 80% 左右才有效，低于 $15℃$ 甲醛很容易聚合成聚甲醛而失去消毒功效，甲醛气体消毒穿透力较差，应把物体特别是垫料尽量散开，福尔马林长期储存或水分蒸发后会变成白色多聚甲醛沉淀，从而失去消毒效果，需加热至 $100℃$ 才可又变成甲醛。甲醛有致癌性。戊二醛常用其 2% 溶液，消毒效果好，不受有机物影响，若用 0.3% 碳酸氢钠做缓冲剂，效果更好。

2．氧化剂和卤素类消毒剂

此类消毒剂是通过氧化还原反应损害细菌酶的活性，抑制酶的活性，引起菌体死亡。高浓度时具一定毒性，可用于空室消毒，也可带猪消毒。

（1）**氧化剂类消毒剂**

① 过氧乙酸。过氧乙酸又名过醋酸，有强烈的醋酸味，

性质不稳定，易挥发。最好用市售 20％浓度，在半年内生产的。现配现用，对霉菌和芽孢均有效。一般用量 0.1％～0.5％。过氧乙酸在酸性环境中作用力强，不能在碱性环境中使用。

② 高锰酸钾。常与甲醛溶液混合用作熏蒸消毒。也可用作饮水消毒。

（2）卤素类消毒剂

① 氯化合物。具有氯臭（漂白粉味）的一类消毒剂。新出厂的氯化合物消毒力特别强，但性质不稳定，作用力不持久。因氯遇水以后，可生成盐酸和次氯酸，所以氯化合物在酸性环境中消毒力较强，在碱性环境下作用力减弱，对金属有一定的腐蚀作用，对组织有一定的刺激性。一般用其 0.5％～1％溶液杀灭细菌和病毒，用 5％～10％溶液杀灭芽孢。冬季用量是夏季的 2～3 倍，作用时间长度是夏季的 3～5 倍。氯化合物消毒剂具体使用时要求稀释的水必须干净，猪舍、地面、墙壁也要冲洗干净，氯化合物尽量用新制的，当有效氯降低至 16％时即不能用于消毒。

② 碘与碘化合物。凡是具有碘伏、碘酒一样的棕色颜色和气味的消毒剂。碘为灰黑色，极难溶于水，且具有挥发性。碘有较强的瞬间消毒作用，在酸性环境中杀菌力较强，在碱性环境及有机物存在时，其杀菌作用减弱。碘化合物的产品浓度比较低，一般只有 1％～3％，也有只有 0.01％～0.1％的，在具体使用时要特别注意消毒液的配比浓度和清除有机物。

以上酚类、碱类、氧化剂类、卤素类消毒剂在生产实际使用过程中要特别注意：这类消毒剂或者是酸性的，或者是碱性的；酸（碱）性的消毒剂不能在碱（酸）性的环境中使用，也不能杀灭适合酸（碱）性环境下生存的病原菌。酚类、氧化剂类、卤素类消毒剂在酸性环境下有效，碱类消毒剂在碱性环境下效果好，所以这类消毒剂使用有局限性，一定要轮换使用，并且在轮换消毒剂前还必须把前一种消毒剂残留冲洗得干干净净才能使消毒更有效。如猪场道路、墙壁、屋顶、地面已经使用过石灰乳、烧碱等不易被冲洗、又不会挥发的消毒剂，则再使用酚类、氧化剂类、卤素类消毒剂时须注意，要防止因酸碱中和而抵消消毒效果。轮换前须尽量把前种消毒剂冲洗得干干净净或选用中性消毒剂，消毒才有效。须特别提出，用过氧乙酸、烧碱消毒，先把猪舍等冲洗干净，因为粪便、灰尘等有机物会影响消毒效果。所以，消毒要有效，须选好消毒剂，并正确使用之。

3.季铵盐类阳离子表面活性剂消毒剂

消毒剂所带正电荷能主动吸引和吸附表面具有负电荷的物体，如细菌、病毒蛋白质、设备和器具内外表面。正负电子相吸引，使消毒剂分子与细菌、病毒蛋白质接触，产生杀灭作用。如目前广泛使用的季铵盐类阳离子表面活性剂。此类消毒剂能增加病原体细胞膜的通透性，降低病原体的表面张力，引起重要的酶和营养物质漏失，使病原微生物的呼吸及糖酵解过程受阻，菌体蛋白变性，水向菌体内渗入，使病原体破裂或溶解而死亡，呈现杀菌杀病毒作用。

季铵盐阳离子表面活性剂类消毒剂有比较多的品种，如新洁尔灭、洗必泰、杜灭芬、"百毒杀""劲碘百毒杀""青净农场""红宝碘"等。前三种主要在医院内使用，后几种如今已在畜牧业上广泛使用。

季铵盐类阳离子表面活性剂抗菌抗病毒谱广，作用快，低浓度就能杀灭细菌、病毒、霉菌、真菌。季铵盐一般呈中性，受环境中的温度、湿度、酸碱度以及有机物浓度影响极小，猪场采用阳离子表面活性剂"百毒杀""劲碘百毒杀""红宝碘"消毒效果比较理想。

对空猪舍消毒选用"百毒杀""劲碘百毒杀""青净农场""红宝碘"等，烧碱，应注意配比浓度和使用条件。

养猪过程中，要进行喷雾、喷洒、饮水等消毒，以消毒空气、圈舍和饮水。保证猪在一个相对安全的环境中发挥最高的生产性能。重要的是通过带猪消毒以降低空气等环境中病原微生物的总量，保证给猪注射的疫苗产生的抗体能足够抵抗环境中的少量病原微生物。疫苗产生的抗体是有限的，环境中病原微生物的污染是无限的，所以一定要带猪消毒。最重要的是对产房的消毒，由于仔猪刚出生时几乎没有免疫力、抗病力。只有在吃到母猪的初乳以后才能建立免疫力、抗病力，故临产前母猪体表、产房的消毒，仔猪出生前后几天的消毒最重要。

由于猪的嗅觉、味觉非常发达，仔猪的皮肤又娇嫩，带猪消毒的消毒剂不能有毒、有刺激性、有异味、有腐蚀性。强酸、强碱、酚类制剂等不要用于喷雾消毒。假如使用有异味的消毒剂，有时会发生母猪咬死仔猪的现象。喷雾、饮水消毒最好用具消毒与清洁作用的季铵盐类阳离子表面活性剂或碘制剂，这类消毒剂都具无毒、无刺激性、无异味、无腐蚀性等特点，如"百毒杀""劲碘百毒杀""青净农场""红宝碘"等。

二、猪场卫生防疫规程

1．防疫设施要求

① 场址选择。新建的猪场，应距离村、交通要道、河流、工厂等 1000m 以上，选择地势高燥、水源充足、水质良好、排水方便、电力供应充足的地区。

② 场内的布局与绿化。猪场应划分为行政区、生活区和生产区。生产区应安排在行政区、生活区的上风口或侧风向处。场内建有饲料储存区、兽医室。猪舍与猪舍间的距离为10～30m。场区内的净道与污道须分开互不交叉。猪场空地可以植树种草进行绿化。

③ 消毒设施。猪场大门及生产区门口需设立消毒池，生产区门口要有更衣室、消毒室、消毒池，每栋猪舍门口要设消毒室或消毒垫。消毒设施中应经常保持有消毒液并及时更换以保证消毒的效果（图6-1）。

图6-1　圈舍喷雾消毒

④ 粪便、污物处理及设施。及时清除猪粪、污物并运至场外堆积发酵。污水经管道或沟壕流至场外污水池发酵。病死猪须作化制（干化或湿化法无害化处理病死猪尸体）、焚烧，或深埋处理。粪便、污水及病死猪化制等场所须选择在场外或猪场下风口。车辆出入要消毒。

⑤ 隔离间（病猪或新引入猪的隔离间），须建立在距生产

区下风口 50m 处。

2．重要场所的卫生防疫要求及制度

（1）防疫要求

① 谢绝猪场外人员参观，禁止场外车辆进入生产区。

② 进入生产区的人员，须经洗澡、消毒或经更衣室换鞋，并脚踏消毒垫后，方可入内。

③ 进入生产区的车辆、工具、物品应先进行消毒（图 6-2）。

图 6-2　车辆消毒

④ 严禁在生产区内解剖病死猪。

⑤ 大门口、生产区门口每天至少进行 1 次扫除和消毒。生产区的道路，至少每周清扫、消毒 1 次。生产区的环境，至少每季度清扫、消毒 1 次。

⑥ 猪场饲养人员每天至少打扫或清洗消毒 1 次饲料和饮水的工具，每周打扫 1 次猪舍内的环境卫生。

⑦ 未经许可，各栋饲养人员不得串栋，每栋猪舍的工具、设备应固定使用。

⑧ 猪只检查时的顺序。

a. 健康猪→体弱猪→病猪。

b. 种猪→商品猪。

c. 幼龄猪→育成猪→成年猪。

⑨ 定期开展灭鼠、灭蚊蝇工作。

⑩ 饲养区内不应饲养其他畜禽动物。

（2）防疫制度

① 坚持自繁自养原则。必须引种时，种猪引入前要认真考察疫情。引入后，应隔离饲养 15～30d，经兽医检查，确认健康后，方可供繁殖使用（人工授精或外购胚胎时，亦需做相关疫病的检测）。

② 种猪应采取定期采血清等方式作疫病的监测。及时淘汰阳性病猪或及时做疫病紧急接种或预防性用药。

③ 每栋猪舍（或每圈猪只）采取全进全出的饲养方式，猪群全部出售或转群后，应经过严格消毒，方可重新进猪。

④ 猪场饲养人员每日需保持猪舍卫生并及时清除猪粪，保持舍内卫生和空气新鲜，保持适宜的温度和湿度，发现病猪及时向兽医技术员报告。

⑤ 猪场所需疫苗、药品（预防、治疗及消毒的药品），必须由公司或协会统一供应。

⑥ 疫苗接种按公司或协会推荐的程序进行，并应严格遵守疫苗接种技术操作规程，注意观察疫苗接种及投药或消毒的效果，按要求做抗体效价及药效检测。

⑦ 猪场兽医技术人员，需经常深入猪舍，观察、检查猪群健康情况，发现可疑病猪及时隔离、诊断或送检，以便迅速确诊及采取防治措施，进行防疫消毒。发生疫情后必须进行严格的防疫消毒（图 6-3）。

⑧ 饲养员应定期进行健康检查，传染病患者不得从事养猪工作。

图 6-3　发生疫情后的消毒

⑨ 每个养猪场的兽医技术人员对本场的卫生、消毒、疫苗接种、使用的药品、临床测检及检疫等有关兽医技术资料，必须认真记录和妥善保存。

三、猪场环境控制

1. 猪舍环境气候因素

猪的生理特点是小猪怕冷，大猪怕热，大小猪都怕潮湿。大小猪都需要洁净的空气。因此，规模化猪场猪舍的结构和工艺设计都要围绕这些特点来考虑，而这些因素又是相互影响、相互制约的。例如，在冬季为了保持猪舍的温度，需要门窗紧闭，但造成了空气的污浊；夏季向猪体和猪舍喷洒清水可以降温，但增加了猪舍的湿度。由此可见，猪舍内的小气候调节必须综合考虑。

（1）**温度** 猪正常生产性能的发挥需要适宜的环境温度，环境温度过高或过低都会影响猪的生长发育。低温会降低饲料的转化率和公猪的抵抗力；高温会使得猪只的采食量、猪肉的品质、母猪的繁殖性能、公猪精液品质下降，并容易引发中暑。

（2）**湿度** 无论仔猪还是成年猪，当其所处的环境温度在较好的范围内时，猪舍内空气的相对湿度对猪的生产性能基本无影响。相对湿度过低时，猪舍内容易漂浮灰尘，还会对猪的抗病力造成影响；相对湿度过高会使得病原体容易繁殖，也会降低猪舍建筑和猪舍内设备的使用寿命。猪场湿度一般控制在 $40\%\sim75\%$。过低或过高都容易引起呼吸道、消化道疾病，影响饲料的利用率。

（3）**光照** 光照会影响仔猪的免疫功能，影响猪的物质代谢。延长光照时间或提高光照强度，可增强肾上腺皮质的功能，提高免疫力，促进食欲，增强仔猪的消化功能，提高仔猪增重速度与成活率。光照对育肥猪也有一定的影响，适当提高光照强度可增进猪只的健康，提高猪的抵抗力。光照对猪的性成熟有明显的影响，较长的光照时间可促进性腺的发育，性成熟较早。短日照，特别是持续的黑暗，会抑制生殖系统发育，性成熟延迟。猪的繁殖与光照密切相关，故猪舍的建筑要有合适的采光角度（图 6-4）。配种前及妊娠期的光照时间显著影响母猪的繁殖性能。在配种前以及妊娠期延长光照时间，能促进母猪雌二醇以及孕酮的分泌，增强卵巢和子宫的功能，有利于受胎和胚胎的发育，提高受胎率，减少妊娠前期胚胎死亡率。

（4）**空气新鲜度** 通风良好有利于排出猪舍内的有害气体，如 NH_3、H_2S、CO_2 等。有害气体浓度过高会抑制猪的生长发育，严重时会导致中毒死亡。

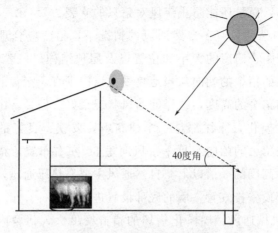

图 6-4　猪舍采光角度示意图

2. 猪舍的日常清洁

（1）**人员、车辆的清洁消毒**　所有进入猪场的人员都必须经过彻底消毒、更换场内的工作服，工作服应在场内清洗、消毒，更衣室要设有热水器、淋浴间、洗衣机、紫外线灯等。

（2）**环境的消毒**　常用的环境清洁消毒设备有以下几种。

① 高压清洗机。对水进行加压，形成高压水冲洗猪舍需要清洗的设备。如常用的高压水枪。

② 火焰消毒。利用燃油燃烧产生的高温火焰对猪舍及设备进行喷烧，用来杀灭各种病原微生物。

③ 人力喷雾器。也称为手动喷雾器。在猪场中用于对猪舍以及设备进行药物消毒。常用的人力喷雾器有背负式喷雾器和背负式压缩喷雾器。

3. 猪舍温度、湿度控制

（1）**通风系统**　猪舍设计良好的通风系统，可使猪舍经常保持冷暖适宜、干燥清洁，不但能及时排除猪舍内的臭味和有害气体，而且还能防止疾风对猪只的吹袭。

① 自然通风。在自然通风的情况下，猪舍应合理地设计朝向、间距、门窗的大小和位置以及屋顶结构。一般情况下，单独一栋的猪舍的朝向与当地夏季主风向垂直。猪舍的间距要大于 2 倍猪舍的高度，这样的通风状况最好。但是，由于目前猪场的规模化，往往都是一个建筑群，要获得良好的自然通风，一般猪舍的朝向与夏季主风向呈 30°左右布置，猪舍间距约为猪舍高度的 3 倍以上。自然通风主要靠热压通风，要求在猪舍顶部设置排气管，墙的底部设置进风管道。

② 机械通风。规模化猪场的猪群密度大，猪舍内的猪只多，有时单靠自然通风是不够的，还要设置机械通风装置，通过风机送风和排风，从而来调节猪舍内的空气环境。

机械通风有 3 种方式，即负压通风、正压通风和联合通风。负压通风是指用抽风机抽出猪舍内污浊的空气，让空气新鲜；正压通风是指用风机将猪舍外的新鲜空气强制性送入猪舍内，使得猪舍内的压力增高，污浊的空气经过风管自然排出；联合式通风是一种同时采用负压通风和正压通风的方式，适合大型封闭式猪舍（图 6-5，彩图）。

图 6-5　产房通风换气设备

（2）**保温**　对猪舍进行适宜的保温设计，既可解决低温寒冷天气对养猪的不利影响，又可以节约能源，夏天还可以隔热和减少太阳辐射。因此，在设计猪舍时应尽可能采用导热系数较小的材料修建屋顶、墙体和地面，以利于保温和防暑。现代化猪舍的供暖，分为集中供暖和局部供暖两种方式。集中供暖主要利用热水、蒸汽、热空气以及电能等形式；局部供暖最常用的有电热地板、电热灯等设备。

目前，大多数猪场采用高床网上分娩育仔，可以满足母猪和仔猪不同温度的需要，如初生仔猪要求 30～32℃，而母猪则要求 15～22℃。常用的局部供暖设备是采用红外线灯或红外线辐射板的加热器。前者发光发热，其温度通过调整红外线灯的高度和开灯时间来调节，一般悬挂高度为 40～50cm；后者应将其悬挂或固定在仔猪保温箱的顶盖上，辐射板接通电流后开始向外辐射红外线，在其反射板的反射作用下，使红外线集中辐射于仔猪卧息区域。由于红外线辐射板加热器只能发射不可见的红外线，还须另外安装一个白炽灯供夜间仔猪出入保温箱（图 6-6）。

（3）**降温**　降温的方式主要有以下 3 种。

① 湿帘-风机降温系统。这是一种利用水蒸发降温原理为主的降温系统，由湿帘、风机、循环水路和控制装置组成，在炎热地区的降温效果十分明显，是一种现代化的降温系统（图 6-7、图 6-8，彩图）。

② 喷雾降温系统。这是一种利用高压使水雾化后飘浮在猪舍空气中，以吸收空气中的热量使猪舍内温度降低的喷雾系统。主要由水箱、压力泵、过滤器、喷头、管路以及自动控制系统组成。用这个系统降温一定时间后（一般为 1～2min），可达到湿热平衡，猪舍内空气水蒸气含量接近饱和。此时，地面可能也被大的水滴打湿。如果继续喷雾，会使得猪舍过于潮

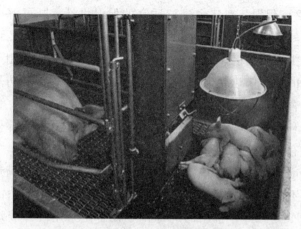

图 6-6　仔猪保温灯保暖

图 6-7　用防蚊网改进的水帘降温系统

湿而产生不利影响，猪只越小，影响越大，因此喷头周期性间断工作。如果猪舍内空气相对湿度本来就高，且通风条件又不好时，则不宜进行喷雾降温。喷雾时辅助以猪舍内空气一定流速可提高降温效果。空气的流动可使得雾滴均匀分布，加速猪体表、地面的水分以及漂浮雾粒的汽化（图6-9）。

图 6-8　水帘降温系统

图 6-9　猪舍自动喷雾降温

　　③ 喷淋降温或滴水降温。这是一种将水喷淋在猪身上为猪只降温的系统。降温喷头是一种将压力水雾化成小水滴的装

置。而滴水降温系统是一种通过在猪身上滴水而为其降温的系统，其组成与喷淋降温系统基本相同，只是滴水器代替了喷淋降温系统的降温喷头。

4．粪便污物处理

（1）**漏缝地板**　现代化猪场为了保持栏内的清洁卫生，改善环境条件，减少人工清扫的费时费力，普遍采用粪尿沟上设置各种漏缝地板，如钢筋混凝土板条、钢筋编织网、钢筋焊接网、塑料板块、陶瓷板块等。对于漏缝地板的要求是耐腐蚀、不变形、表面平而不滑、导热性小、坚固耐用、漏粪效果好、容易冲洗消毒，适应各种日龄猪只行走站立，不卡猪蹄。漏缝断面一般呈梯形，上宽下窄，便于漏粪。漏缝地板的结构与尺寸见表 6-1。

表 6-1　不同材料漏缝地板的结构与尺寸　单位：mm

猪群	铸铁		钢筋混凝土	
	板条宽	缝隙宽	板条宽	缝隙宽
仔猪	35～40	14～18	120	18～20
育肥猪、妊娠猪	35～40	20～25	120	22～25

（2）**猪舍内粪沟的设计**　目前，猪舍内的排污设计有人工除粪粪沟、自动冲水粪沟和刮粪机清粪。为了保证排污彻底而顺畅，设计的粪沟必须有足够的宽度和坡度以及一定的表面光滑度，自动冲水粪沟还必须有足够的冲水量。粪沟设计的一般情况是，人工除粪的粪沟宽度为 25～30cm、深度 5cm、有一定倾斜的坡度，粪沟主要用来排泄猪尿和清洗水，猪粪则由工人铲出运走；自动冲水粪沟宽度为 60～80cm、深度 30cm，也要有一定的倾斜坡度，将猪粪尿收集在粪沟内，然后由粪沟开始端的蓄水池定时放水冲走；刮粪机清粪的粪沟宽为 100～200cm，利用卷扬机牵引刮粪机将粪沟内的猪粪尿清走。

第七章
猪常见疾病的防控

一、猪常见传染病

1. 口蹄疫 (FMD)

国际兽医局（OIE）将 FMD 列为 A 类法定传染病中的第一个，是国际动物产品贸易中最重要的检疫对象，任何国家发生 FMD 流行时，动物及其产品的流通及对外贸易都将受到严格限制并蒙受巨大损失。我国将此病列为一类动物疫病的首位，一旦发生疫情需采取紧急、严厉的强制措施，控制及扑灭该病。本病属于急性、热性、高度接触性传染病，属于人畜共患病。以在口腔黏膜、蹄部和乳房皮肤出现水疱和溃疡为主要特征。

【病原】 口蹄疫的病原是口蹄疫病毒，该病毒最大特点是变异性强。口蹄疫病毒（FMDV）有 7 个血清主型，每个主型内又有若干个亚型，不同主型无交互免疫性；同一主型内的不同亚型之间中有部分交互免疫性。

病毒对干燥抵抗力很强，但对日光、热、酸、碱均很敏感。

【流行病学】 单纯性猪口蹄疫对牛、羊致病力低或不发病。主要传染源为患病动物和带毒动物，通过水疱液、淋巴结、骨髓、呼出的气体、带毒皮毛等传播，空气也是重要的传播媒介。传播途径为经呼吸道、消化道、损伤甚至完整的皮肤黏膜而感染，精液、乳汁也含有大量病毒并能传染。

本病一年四季均可发生，主要发生于易感猪高度集中的猪群。

【症状】 潜伏期1～2d。猪患口蹄疫，病变部位主要在蹄部（发生水疱），其次是在鼻端和口腔。体温突然升高至40～41℃，精神不振，侧卧不起，食欲减少或废绝，病猪不能站立，不能行走，进行性消瘦，愈大的猪，病得愈重。口黏膜、鼻镜、乳房等水疱或糜烂。跛行、蹄冠、蹄叉、蹄踵出现局部发红、热、敏感→不久形成水疱→水疱破溃后可见暗红色面糜烂→（未继发感染时）体温开始下降。

继发感染：蹄叶、蹄壳脱落，卧地不起，跛行，流产，乳腺炎及慢性蹄坏死、蹄变形（图7-1、图7-2，彩图）。新生仔猪、吃奶仔猪发生急性胃肠炎（表现为剧烈腹泻）或心肌炎，有的猪死亡前发出尖叫声。病死率可达60%～80%。

【病理变化】 蹄冠、蹄叉、蹄踵、口腔黏膜、吻突水疱→破溃、糜烂，甚至蹄壳脱落（图7-3，彩图）；仔猪胃肠急性卡他性炎症，浆膜出血；心肌变性，似水煮过，切面灰白色与淡黄色条纹相间，似虎皮斑纹、虎斑心。

【防制措施】

（1）严格执行兽医卫生制度，严格消毒 用1:1000的灭毒净、2%苛性钠、2%福尔马林、2%乳酸、环氧乙烷、甲醛蒸气。消毒程序是喷洒污染的环境（保持4h以上）→彻底

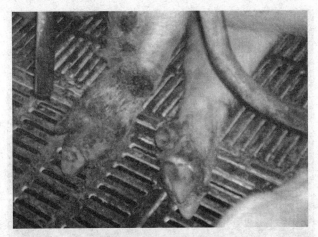

图 7-1 猪口蹄疫蹄部溃疡坏死

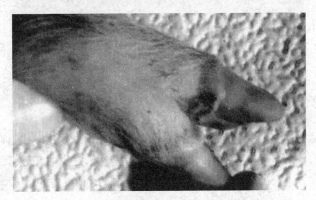

图 7-2 猪口蹄疫蹄部病变症状

清扫粪尿、垃圾、污物，堆积发酵或焚烧→第 2 次喷洒并维持 4h 以上→有水泥地面的猪舍及运载工具用自来水冲洗干净，自然晾干后→第 3 次喷雾或喷洒，自然干燥后启用。

（2）**免疫接种**　用与当地流行相同病毒型、亚型的疫苗。免疫程序，种猪每隔 3 个月免疫 1 次，仔猪于 40～45 日龄首免，100～105 日龄二免，商品猪出栏前 15～20d 三免。注射疫苗只是控制该病的多项措施之一，在注重用疫苗的同时

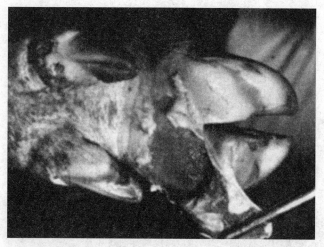

图 7-3 猪口蹄疫蹄部溃烂、蹄壳脱落

应注重综合防制。

（3）**发病后紧急措施** 发病后上报疫情、封锁、隔离、消毒、紧急接种。

2．猪瘟

猪瘟我国俗称"烂肠瘟"，美国称"猪霍乱"，英国称"猪热病"，是由猪瘟病毒引起的猪的一种高度传染性和致死性疾病。其特征为高热稽留和小血管变性引起的广泛出血、梗死和坏死。猪瘟在世界上许多养猪的国家都有流行，由于其传播快、病死率高，给养猪业带来严重的经济损失。因此，受到世界各国的重视。国际兽疫局的国际动物卫生法规将本病列入 A 类 16 种法定的传染病之一，定为国际动物检疫对象。

近 20 多年来，有些国家致力于消灭猪瘟工作，研制了可靠的疫苗，推广了特异、快速的诊断检疫方法，制定了适合本国国情的兽医法规，执行了严格的防疫措施，取得了显著的成果，有的国家已经宣告消灭了猪瘟，有的国家已基本得到了控制。

我国研制的猪瘟兔化弱毒疫苗，经匈牙利、意大利等国家应用后，一致认为该疫苗安全有效，无残留毒力，1976年在联合国粮农组织和欧洲经济共同体召开的专家座谈会上，公认我国的猪瘟兔化弱毒疫苗的应用，对控制和消灭欧洲的猪瘟做出了贡献。

我国对防制猪瘟工作十分重视，是各级兽医部门的工作重点，并明确提出了以免疫接种为主的综合性防制措施。经验表明，只要按照合理的免疫程序，做到每一头猪都免疫接种，严格执行动物检疫法规，猪瘟在我国是完全可以控制和消灭的。

近年来，有的地区发现了所谓慢性猪瘟、非典型猪瘟和隐性猪瘟，给养猪业带来了麻烦，造成了经济上的损失。

【病原】 猪瘟是由猪瘟病毒引起的一种高度传染性和致死性传染病。此病于1833年首先在美国等地发现。猪瘟病毒只有一个血清型，但病毒株的毒力有强、中、弱之分，强毒株引起病死率高的急性猪瘟，而温和毒株一般是产生亚急性或慢性感染。猪出生后感染低毒株的，只造成轻度疾病，往往不显临床症状，但胚胎感染或初生猪感染可导致死亡。温和毒株感染的后果，部分取决于年龄、免疫能力和营养状况等宿主因素。猪瘟病毒以脾、淋巴结和血液中含病毒量最高，其感染力很强，每克含病毒达百万个猪最小感染量。病猪排出的粪便和各种分泌物中，以及各组织脏器和体液中都含有大量病毒。

猪瘟病毒对腐败、干燥的抵抗力不强，尸体、粪便中的病毒2～3d后即失去活力。对寒冷的抵抗力较强，病毒在冻肉中可存活几个月，甚至数年。一般常用消毒药，特别是碱性消毒药，对本病毒有良好的杀灭作用。

【流行病学】 本病仅发生于猪，各品种、年龄和性别的猪都可感染。病猪排泄物及分泌物都含病毒，猪采食被猪瘟病毒污染的食物和水，主要经扁桃体、口腔黏膜及呼吸道黏膜感染得病。病毒可经过胎盘屏障感染胚胎，造成弱胎、死胎、木乃伊胎。

20日龄以内的哺乳仔猪，由于从母猪的初乳中获得母源抗体，而具有被动免疫力。本病的发生没有季节性，在新疫区常呈急性爆发，其发病率和病死率都很高。在猪瘟常发的地区，猪群有一定的免疫力，病情较缓和，呈长期慢性流行，若发生继发感染，则可使病情复杂化。

肺丝虫、蚯蚓、家蝇、蚊子等都可成为猪瘟病毒的自然保毒和传播者。本病主要从消化道感染，也可经皮肤伤口和呼吸道传播。病猪的尸体处理不当，消毒不彻底，检疫不严，可通过运输、交易、配种等造成广泛的传播。人、畜随意进入猪舍，注射器消毒不严等情况，都可成为间接传播媒介。

【临床症状】

（1）典型症状　感染强毒、没有免疫或免疫失败的猪常表现突然发病，典型猪瘟常表现为急性型。病猪体温升高至40～41℃，高热稽留或回归热。寒战，倦怠，行动缓慢，垂头弓背，口渴，废食，常伏卧一隅闭目嗜睡。眼结膜发炎，角膜充血，眼睑浮肿，分泌物增加，甚至将上下眼睑粘连，皮肤和黏膜发绀，有出血斑点。在下腹部、耳部、四蹄、嘴唇、外阴等处，可见到紫红色斑点（图7-4，彩图）。病猪初期便秘，排粪困难，粪便呈粒状带有黏液，不久出现腹泻，粪便呈灰黄色，恶臭异常，肛门周围沾污粪便。公猪的阴茎鞘囊积尿，膨胀甚大，用手捋之有混浊、恶臭、带有白色沉淀物的液体流出。哺乳仔猪也可发生急性猪瘟，主要表现神经症状，如磨牙、转圈运动、角弓反张、痉挛或倒地抽搐，如此反复几次后以死亡告终。据国外报道，小猪先天性震颤的12%是由猪瘟病毒引起的。

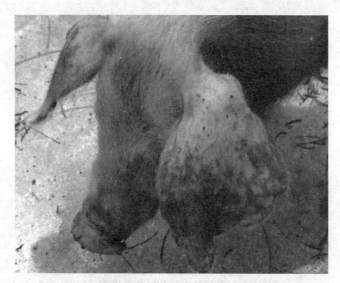

图7-4　病猪皮肤、耳朵等处发绀，有出血斑点

（2）**慢性型猪瘟**　常见于老疫区或流行后期的病猪，感染低毒或猪瘟病毒持续感染。症状与急性型差不多，但病程更长一些，病情缓和一些。疾病的发展大致可划分三个阶段。第一阶段体温升高至40～41℃，出现一般的全身症状，白细胞减少，此期为3～4d；第二阶段体温略有下降，但仍保持在40℃左右的微热，精神、食欲随之好转，此期为2～3d；第三阶段体温再度升高至41℃左右，病猪出现严重腹泻，消瘦、贫血、食欲不振、时有轻热、便秘与腹泻交替。粪便恶臭带有血液和黏液，体表淋巴结肿大，后躯无力，行走缓慢，皮肤常发生大片紫红色斑块或坏死痂（图7-5，彩图）。病猪迅速消瘦，这期间往往有细菌继发感染（如沙门菌、大肠杆菌等），从而引起白细胞增加，病程2周以上，甚至长达数月。

（3）**非典型猪瘟**　仅见于保育期的仔猪，是由感染隐性猪瘟的母猪垂直传染给仔猪，该仔猪出生时完全健康，哺乳期

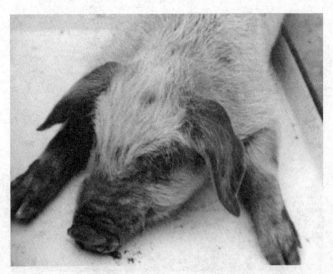

图 7-5　猪瘟皮肤大片紫红色斑块或坏死痂

间生长正常，一旦断奶失去母源抗体的保护，进入保育栏后不久，便可能出现所谓非典型猪瘟。主要表现为顽固性腹泻，粪便呈淡黄色，由于肛门失禁而污染后躯。病猪迅速消瘦，行走不稳，四肢末端和耳尖皮肤瘀血呈紫色。对这种猪接种猪瘟疫苗无效，不能产生对猪瘟的中和抗体，病程1～2周，均以死亡告终。死后剖检，猪瘟的病变不典型。

（4）**隐性猪瘟**　见于生产母猪。感染母猪其本身并没有临床症状，但能将猪瘟垂直传播到下一代，其所产的后代不是流产、死胎、弱仔，就是表现非典型猪瘟。这种母猪对猪瘟疫苗的免疫应答能力也很差，对母猪危害甚大，是非典型猪瘟的传染源，也是繁殖障碍的因素之一，必须淘汰。

【**病理变化**】　不同的临床表现其病变也有一定的差别。

（1）**典型猪瘟**　全身淋巴结充血、出血和水肿，切面多汁，呈大理石样病变。肾脏的色泽和体积变化不大，但表面和切面布满针尖大的出血点（图7-6，彩图）。整个消化道都有病变、口腔、齿龈有出血和溃疡灶，喉头、咽部黏膜有出血点，胃和小肠黏膜呈出血性炎症，特别在大肠的回盲瓣段黏膜上形成特征性的纽扣状溃疡坏死（图7-7，彩图）。小血管变性引起的广泛性出血、水肿和坏死，其中以喉头、咽部黏膜、会厌软骨、膀胱出血为特征（图7-8，彩图）。

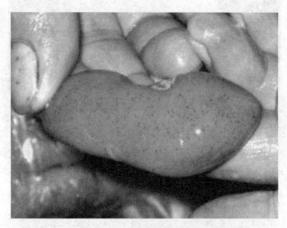

图7-6　猪瘟肾脏表面布满针尖大的出血点

图7-7　大肠回盲瓣段黏膜上形成特征性纽扣状溃疡坏死

（2）**非典型猪瘟**　因体内抗体水平、病毒毒力强弱不同差异很大，有时可见坏死性肠炎，但是全身出血变化不明显。

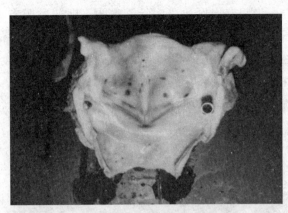

图 7-8　猪瘟膀胱黏膜出血点

猪瘟引起钙磷代谢障碍的断奶仔猪有时可见肋骨末端与软骨交界处的骨化障碍，见有黄色骨化线。当并发细菌感染后，症状将更加复杂。

【诊断】　当发现使用多种抗菌药无效，病猪高热稽留，体温达 41℃以上，皮肤和黏膜发绀，有出血斑点，先便秘后腹泻时，就要怀疑是猪瘟。对于非典型猪瘟，确诊必须通过实验室诊断。

猪瘟的实验室诊断：对病料做冰冻切片，用直接荧光抗体（FA）试验，或兔体交互免疫试验，或用病毒中和试验和酶联免疫吸附试验等。特别是酶联免疫吸附试验对检测隐性猪瘟和非典型猪瘟有重要的作用。

【防治】

（1）治疗　治疗时除了使用很不经济的抗猪瘟血清，没有别的治疗方法。

（2）预防猪瘟　重视疫苗的免疫接种。我国研制的猪瘟兔化弱毒疫苗，是消灭和控制猪瘟的有力武器。它具有性能稳定，安全性好，免疫原性强，对强毒有干扰作用，免疫接种4d 后即有保护力等优点。为充分发挥疫苗的应有作用，介绍几种猪瘟的免疫程序，可根据本场的具体情况选择使用。

① 乳前免疫（或称超前免疫、零时免疫）法。即仔猪出生后尚未吮初乳前，接种猪瘟活疫苗，间隔 2d 后再喂初乳，其保护期可达 6 个月以上。

② 去势免疫法（或称断奶时一次免疫法）。通常 30～40 日龄仔猪断奶后，在去势的同时进行猪瘟疫苗接种，此期间母源抗体已消失，接种疫苗可获得最佳的免疫效果。此法适用于猪瘟的安全地区和饲养母猪较多的农村。

③ 二次免疫法。首免在 20～25 日龄，二免在 60～65 日龄。由于仔猪在 20 日龄后母源抗体减少，可能抵抗不了强毒的感染，需要提前接种，但这时仔猪的免疫应答能力不强，保护期较短，于 50～60 日龄时需加强免疫 1 次。大多数猪场采用此法。

④ 种猪免疫。在以上免疫接种的基础上，种猪每年加强免疫接种 1 次。注意不能在妊娠期接种，尤其不能在妊娠后期接种猪瘟活疫苗。

（3）猪瘟免疫注意事项

① 猪瘟疫苗最好单独注射，不要用联苗，更不要同灭活苗一起注射，要保证免疫效果。

② 给母猪注射猪瘟疫苗在空胎时进行。因为猪瘟弱毒苗能穿过妊娠母猪胎盘屏障进入胎儿，使仔猪对猪瘟免疫有耐受现象，造成母猪不发猪瘟，而仔猪易发生非典型猪瘟。

③ 对带猪瘟病毒的母猪应坚决淘汰。这种母猪带毒但不发病，却产死胎、弱胎。仔猪也可能带毒而成为猪瘟的传染源。

④ 免疫前后要监测抗体，以调整免疫程序，检验免疫效果。

⑤ 进行猪瘟野毒监测，净化猪场。

【紧急措施】 一旦发生猪瘟时，应立即对猪场进行封锁，扑杀病猪，病尸焚烧深埋。可疑猪就地隔离观察。凡被病猪污染的猪舍、环境、用具等都要彻底消毒，对假定健康猪和疫区及受威胁区的猪，都要进行猪瘟活疫苗的紧急免疫接种。

3. 猪传染性胃肠炎

猪传染性胃肠炎是由猪传染性胃肠炎病毒引起的猪的一种高度接触性肠道传染病。特征性的临床表现为呕吐、腹泻和脱水，可感染各种日龄的猪，但其危害程度与病猪的日龄、母源抗体状况和流行的强度有关。

本病于1946年首先在美国发现，此后流行于世界各养猪国家和地区。我国自20世纪70年代以来，本病的疫区不断扩大，并与猪流行性腹泻混合感染，给养猪业带来较大的经济损失。

猪传染性胃肠炎病毒大量存在于病猪的空肠、十二指肠、肠系膜淋巴结内。猪圈的环境温度可影响该病毒的繁殖，在8～12℃的环境中比在30～35℃的环境中产生的毒价高，这可能是本病在寒冷季节流行的一个重要因素。

该病毒不耐热，在阳光下曝晒6h可被灭活。紫外线能使病毒迅速失效，但在寒冷和阴暗的环境中，经1周后仍能保持其感染力。常用的消毒药在一般浓度下都能杀灭该病毒。

【流行病学】 本病的流行有3种形式。

（1）**流行性** 见于新疫区，很快感染所有年龄的猪，症状典型，10日龄以内的仔猪死亡率很高。

（2）**地方流行性** 表现出地方流行性，大部分猪都有一定的抵抗力，但由于不断有新生仔猪，故病情有轻有重。

（3）**周期性** 本病在一个地区或一个猪场流行数年后，

可能是由于猪群都获得了较强的免疫力，仔猪也能得到较高的母源抗体，病情常平息数年，当猪群的抗体逐年下降，遇到引进传染源后又会引起本病的爆发。

本病的流行有明显的季节性，常于深秋、冬季和早春（11月至翌年3月）广泛流行，这可能是由于冬季气候寒冷有利于本病毒的存活和扩散。我国大部分地区都是本病的老疫区，因此一般都呈地方流行性和周期性。

【症状】 本病发生突然，在一段期间内全场大小猪都发生呕吐，呈水样腹泻，只不过是程度不同，一般日龄越小病情越重，常见断奶前后的仔猪有明显的脱水、消瘦等现象。成年猪的症状轻微。一个猪场的流行期很少超过2个月。

【病理变化】 主要病变在胃和小肠，仔猪胃内充满凝乳块，胃底黏膜轻度充血，小肠充血，肠壁变薄，呈半透明状，回肠和空肠的绒毛萎缩变短。

【预防】

（1）综合性防疫措施 包括执行各项消毒隔离规程，在寒冷季节注意仔猪舍的保温防湿，避免各种应激因素。在本病的流行地区，对预产期20d内的怀孕母猪及哺乳仔猪应转移到安全地区饲养，或进行紧急免疫接种。

（2）免疫接种 平时按免疫程序有计划地进行免疫接种，目前预防本病的疫苗有活疫苗和油剂灭活苗两种，活疫苗可在本病流行季节前对全场猪普遍接种，而油剂灭活苗主要接种怀孕母猪，使其产生母源抗体，让仔猪从乳汁中获得被动免疫。

【治疗】 本病的致死率不高，一般都能耐过并自然康复。但对哺乳仔猪和保育仔猪的危害较大，致死的主要原因是脱水、酸中毒和细菌性疾病的继发感染。因此，在对病猪实行隔离、消毒的条件下，做到正确护理，及时治疗，能将本病造成的损失降低到最小限度。

在护理方面，若是哺乳仔猪患病，首先要停止哺乳。提供防寒保暖而又清洁干燥的环境，给予足量的清洁饮水，尽量减少或避免各种应激因素。治疗包括以下三方面，视具体情况选择一种或几种配合使用。

（1）**特异性治疗** 对于确实有价值的，确诊本病之后，立即使用抗传染性胃肠炎高免血清，肌内注射或皮下注射，剂量按 1mL/kg 体重。对同窝未发病的仔猪，可作紧急预防，用量减半。据报道，有人用康复猪的抗凝全血给病猪口服也有效，新生仔猪每头每天口服 10~20mL，连续 3d，有良好的防治作用。也可让有免疫力的母猪代为哺乳。

（2）**抗菌药物治疗** 抗菌药物虽不能直接治疗本病，但能有效地防治细菌性疾病的并发或继发性感染。临诊上常见的有大肠杆菌病、沙门菌病、肺炎以及球虫病等，这些疾病能加重本病的病情，是引起死亡的主要因素，常用的肠道抗菌药有痢特灵、喹乙醇、氟哌酸、新诺明、氯霉素、恩诺沙星、环丙沙星等。

（3）**对症治疗** 包括补液、收敛、止泻等。最重要的是补液和防止酸中毒，可静脉注射葡萄糖生理盐水或 5％碳酸氢钠溶液。亦可口服补液盐溶液。同时还可酌情使用黏膜保护药如淀粉（玉米粉等）、吸附药如木炭末、收敛药如鞣酸蛋白以及维生素 C 等药物进行对症治疗。

4．猪流行性腹泻

猪流行性腹泻是由病毒引起的猪的一种高度接触性传染病。病猪主要表现为呕吐、腹泻和食欲下降，临诊上与猪传染性胃肠炎极为相似。本病于 20 世纪 70 年代中期首先在比利时、英国的一些猪场发现，以后在欧洲、亚洲许多国家和地区都有本病流行，近年来我国也证实存在本病。流行病学调查的结果表明，本病的发生率大大超过猪传染性胃肠炎，其致死率虽不高，但影响仔猪的生长发育，使肥猪掉膘，加之医药费用的支出，给养猪业带来较大的经济损失。

【流行病学】　本病主要发生于猪，寒冷的冬、春季节是本病的流行盛期，往往从外地引进猪后不久全场爆发本病。病猪粪便污染的饲料、饮水、猪舍环境、运输车辆、工作人员都可成为传播因素，病毒从口腔进入小肠，在小肠增殖并侵害小肠绒毛上皮。

本病的流行有不很明显的周期性，常在某地或某猪场流行几年后，疫情渐趋缓和，间隔几年后可能再度爆发。本病在新疫区或流行初期传播迅速，发病率高，在 1～2 周可传遍整个猪场，以后断断续续发病，流行期可达 6 个月。

本病以保育仔猪的发病率最高，几乎可达 100%。老母猪和成年猪多呈亚临床感染，症状轻微。哺乳仔猪由于受到母源抗体的保护，往往不发病，但若母猪缺乏母源抗体，则症状严重，死亡率较高。

【症状】　本病的典型症状是呕吐和水样腹泻，病猪的食欲大减，精神沉郁，很快消瘦，严重的脱水致死。

【病理变化】　剖检病变主要局限于小肠，肠腔内充满黄色液体，肠壁变薄，肠系膜充血，肠系膜淋巴结水肿，胃内空虚，有的充满胆汁黄染的液体。组织病理学的变化主要在小肠和空肠，肠腔上皮细胞脱落，构成肠绒毛显著萎缩，绒毛与肠腺（隐窝）的比率从正常的 7：1 下降到 3：1。

【诊断与治疗】　康复猪或高度免疫猪血清中含有特异抗体，对于有价值的猪可进行治疗，但成本高。诊断可用血清中和试验或间接荧光法检查。用直接荧光法可检查病料中的本病毒抗原，目前认为是最特异和有实用价值的诊断方法。

5. 猪沙门菌病

猪沙门菌病通常称为仔猪副伤寒，是由致病性沙门菌引起的断奶仔猪的一种肠道传染病。本病主要的临诊表现为慢性腹泻，有时也发生急性败血症的病例和卡他性或干酪性肺炎的病变。本病在世界各地均有发生，是猪的一种常见病和多发病。

本病的病原是沙门菌，沙门菌在外界环境中十分普遍，是革兰阴性杆菌，不产生芽孢，亦无荚膜，有鞭毛，能运动。本菌具有比较稳定的菌体抗原（O）和易变的鞭毛抗原（H）。O抗原为脂糖蛋白质复合物，具有毒性，相当于内毒素，耐热（100℃），不易被酒精所破坏。H抗原为蛋白质，不耐热，经60℃或酒精作用后即破坏。

根据不同的抗原构造，可将本菌分成许多不同的血清型，目前发现的不同血清型的沙门菌已超过1600种，但引起仔猪副伤寒的病原主要是猪霍乱沙门菌和猪伤寒沙门菌、肠炎沙门菌等几种血清型。

本病菌对干燥、腐败、日光等因素具有一定的抵抗力。一般常用消毒药都能在短时间内将其杀死。

【流行病学】 本病主要发生于4月龄以内的幼猪，尤其是断奶后不久的仔猪最易感。健康猪带本菌在临床上相当普遍，病菌可潜伏于消化道、淋巴组织和胆囊内，当断奶后的仔猪饲养管理不当，气温突变，猪舍拥挤、潮湿、卫生不良，空气不流通，经过长途运输或有并发感染时，都可促使本病的发生和流行。对病猪隔离不严，尸体处理不当，其粪便和排泄物污染了水源、饲料，主要经消化道传染。鼠类在本病的传播中也起着重要的作用。本病的流行特点是呈散发性和地方流行性。

【症状】 病猪的临床症状有急性型和慢性型两种。

（1）急性型（或称败血型） 见于断奶不久的仔猪，或本病流行的初期。突然发病，精神、食欲不振，体温升高至41℃以上，腹部收缩，拱背，接着出现腹泻，粪便恶臭，这时体温有所下降，肛门、尾巴、后腿等处沾污含血液的黏稠粪便，在下腹部、耳根、四肢和蹄部皮肤出现紫红色斑块。常伴有咳嗽和呼吸困难，若治疗不当，于发病后 3~5d 死亡。

（2）**慢性型** 慢性型是常见的类型，与猪瘟的症状极为相似。体温稍高，40℃左右，精神沉郁，食欲下降，寒战，喜扎堆或钻草窝，有眼屎，严重腹泻，粪便呈淡黄色、黄褐色、淡绿色不等，恶臭，腹泻过久则排粪失禁。有的病例在胸腹部出现湿疹状丘疹，被毛蓬乱，失去光泽，末端皮肤呈暗紫色。叫声嘶哑，后腿无力，强迫行走则东倒西歪，病程 2~3 周，在这期间病情时好时坏，只有在良好的护理和正确的治疗条件下才有痊愈的希望，否则多以死亡或淘汰告终。

【病理变化】 主要的肉眼可见病变是脾肿大，边缘钝，肠系膜淋巴结呈索状肿大，并有似大理石样色泽，肝、肾也有不同程度的肿大，全身出现败血症的病变。具有诊断价值的病变（慢性病例）是坏死性肠炎，常见于盲肠、结肠，有时波及回肠后段，肠壁增厚，黏膜上覆盖一层弥漫性坏死物质，剥开底部呈红色，边缘有不规则的溃疡面。

【预防】

第一，平时要严防将传染源带进猪场。从外地引进猪必须隔离观察，对仔猪的饮水、饲料等均应严格实行兽医卫生监督，给断奶仔猪创造良好的生活条件，消除各种发病诱因。

第二，本病常发的猪场，可定期进行免疫接种。常用的为仔猪副伤寒活菌苗，按菌苗瓶签注明的头份，稀释成每头份 1mL，对 1 月龄左右的仔猪于耳后浅层肌肉接种。也可使用口服疫苗和油乳剂多价灭活苗。

【治疗】

（1）**抗菌药物治疗** 这是针对病原的疗法，早期使用效果良好。这类药物的种类很多，但经常使用易出现抗药菌株。因此，要求常更换品种，或交替使用，用药量要足，根据病猪的体质状况，应采用静脉注射、肌内注射和口服多种途径用药，有条件时，最好能做药敏试验。常用的抗菌药物有氯霉素、卡那霉素、庆大霉素、恩诺沙星、诺氟沙星、环丙沙星、新诺明等。

（2）**对症治疗** 对于病程稍长，病猪体质较弱的慢性病例，在使用抗菌药物的同时进行对症治疗十分重要。如补液（可使用口服补液盐）、解毒（静注 5％碳酸氢钠注射液）、强心（安钠咖、氯化钙注射液）、收敛（木炭末、鞣酸蛋白等）、壮补（葡萄糖注射液、维生素 C 等）。

6．猪痢疾

猪痢疾是由密螺旋体引起的猪的一种肠道传染病。临床表现为黏液性或黏液出血性下痢。主要病变为大肠黏膜发生卡他性出血性炎症，进而发展为纤维素性坏死性肠炎。

本病自 1921 年美国首先报道以来，目前已遍及世界各主要养猪国家。近年来，我国一些地区种猪场已证实有本病的流行。本病一旦侵入猪场，则不易根除，幼猪的发病率和病死率较高，生长率下降，饲料利用率降低，加上药物治疗的耗费，给养猪业带来一定的经济损失。

【病原体】 病原为猪痢疾密螺旋体，革兰染色阴性。新鲜病料在暗视野显微镜下可见到活泼的蛇样活动，严格厌氧菌。本菌可产生溶血素，对细胞具有毒性。

本菌对外界环境有较强的抵抗力，在 5℃的粪便中存活 61d，在土壤中可存活 18d。对高温、氧气、干燥等敏感，常用浓度的消毒药都有杀灭作用。

【流行病学】　本病在自然流行中除猪以外，其他畜禽未见发病。各日龄的猪都可感染，但保育期间的仔猪其发病率和病死率都高于其他日龄的猪。病猪和带菌猪是主要传染源，康复猪还能带菌2个多月，这些猪通过粪便排出病原体，污染周围的环境、饲料、饮水和用具，经消化道传播。此外，鼠类、鸟类和蝇类等经口感染后均可从粪便中排菌，也不能忽视这些传播媒介。

本病一年四季均有发生，其传播缓慢，流行期长，可长期危害猪群。各种应激因素，如猪舍阴暗潮湿、气候多变、拥挤、营养不良等均可促进本病的发生和流行。本病一旦传入猪群则很难除根，用药可暂时好转，停药后往往又会复发。

【症状】

（1）**急性型**　这种类型病例较为常见。病初体温升高至40℃以上，精神沉郁，食欲减退，排出黄色或灰色的稀粪，持续腹泻，不久粪便中混有黏液、血液及纤维碎片，呈棕色、红

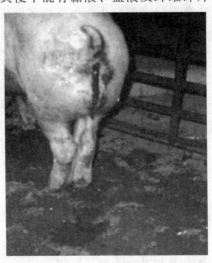

图7-9　猪血痢症状

色或黑红色（图7-9，彩图）。病猪弓背吊腹，脱水消瘦，共济失调，虚弱而死，或转为慢性型，病程 1～2 周。

（2）**慢性型** 突出的症状是腹泻，但表现时轻时重，甚至粪便呈黑色。生长发育受阻，病程2周以上。保育猪感染后则成为僵猪；哺乳仔猪通常不发病，或仅有卡他性肠炎症状，并无出血；成年猪感染后病情轻微。

【病理变化】 本病的主要病变部位在大肠（结肠和盲肠），回盲瓣为明显分界。病变肠段肿胀，黏膜充血和出血，肠腔充满黏液和血液。病程稍长者，出现坏死性炎症，但坏死仅限于黏膜表面，不像猪瘟、猪副伤寒那样深层坏死。组织学检查，在肠腔表面和腺窝内可见到数量不一的猪痢疾密螺旋体，但以急性期较多，有时密集呈网状。

【诊断】 本病实验室诊断的方法很多，如病原的分离鉴定、动物感染试验、血清学检查等。对猪场来讲，最实用而又简便易行的方法是显微镜检查。取急性病猪的大肠黏膜或粪便抹片，用美蓝染色后暗视野检查，如发现多量猪痢疾密螺旋体（≥3～5 条/视野），可作为诊断的依据。但对急性后期、慢性及使用抗菌药物后的病例，检出率较低。

【预防】

第一，对无本病的猪场，禁止从疫区引进种猪。必须引进时至少要隔离检疫30d。平时应搞好饲养管理和清洁卫生工作，实行全进全出的育肥制度。一旦发现1～2例可疑病情，应立即淘汰，并彻底消毒。

第二，有本病的猪场，可采用药物净化办法来控制和消灭此病。可使用的药物种类很多，一般抗菌药物都行，通常用痢菌净，每千克饲料中加入本品1g，连喂30d。

【治疗】 可选用下列药物。

① 痢菌净，每千克体重口服5mg，每天1次，连服3～

7d。也可用0.5%的浓度按0.5mL/kg体重肌内注射，每天1次，连续3d。

② 四环素在饲料中添加100～200μg/g，连续喂服3～5d。

③ 氯霉素，每千克体重口服50mg，连服3～5d。

④ 呋喃唑酮，每千克体重10mg，混于饲料中喂服，连服3～5d。

对重症病猪还应配合补液、收敛等对症治疗。

7. 猪大肠杆菌病

猪大肠杆菌病发生较多的有3种。生后1～7d发生的仔猪黄痢；10～30周龄发生的仔猪白痢；断奶前后的1～2月龄发生的水肿病。

（1）**仔猪黄痢**　是初生仔猪的一种急性、高度致死性传染病。以排出黄色稀粪为其临床特征。发病率和死亡率都很高，初生后数小时至5日龄以内仔猪多发，以1～3日龄最为多发。传染源主要是带菌母猪，排出大量致病性大肠杆菌，污染乳头和体表皮肤，仔猪吃奶时通过消化道感染。症状是排出黄痢，粪呈黄色水样，后肢被污染（图7-10、图7-11，彩图）。

图7-10　仔猪黄痢症状一

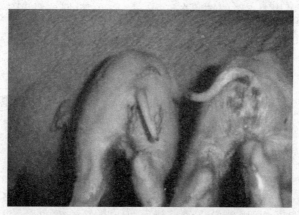

图 7-11　仔猪黄痢症状二

　　预防主要是做好圈舍和环境卫生，做好消毒工作。产前母猪后躯清洗，用大肠杆菌病 K88-K99 菌苗在预产期前 15～30d 免疫母猪，使仔猪通过母乳获得免疫。

　　治疗可用庆大霉素、痢特灵、金霉素和磺胺甲基嘧啶等。

　　（2）仔猪白痢　临床以排出灰白色、糨糊样稀粪为特征，其中含有气泡，常常混有黏液，有腥臭味。在尾巴、肛门及其附近常常粘有粪便。发病率较高（一窝的发病率可达 50％），死亡率较低。预防和治疗可参照仔猪黄痢。

　　（3）仔猪水肿病　仔猪水肿病是由致病的溶血性大肠杆菌引起的保育仔猪的一种肠毒血症。本病往往突然发生，表现为部分或全身麻痹、共济失调等神经症状，以及胃壁和肠系膜水肿等特征。本病分布很广，世界各养猪国家均有发生，其发病率虽不高，但病死率很高，给小猪培育带来经济损失。

　　【病原体】　本病的病原体是一种大肠杆菌，主要在肠道内大量繁殖时，可产生肠毒素、水肿素、内毒素（脂多糖）等，经肠道吸收后，使仔猪的肠道蠕动和分泌能力降低。当猪吸收这些毒素后，使致敏猪发生变态反应（过敏反应），表现出神经症状和组织水肿。

据流行病学调查发现，仔猪开料太晚、骤然断奶、仔猪的饲料质量不稳定，特别是日粮中蛋白质的含量过高，缺乏某种微量元素、维生素和粗饲料，仔猪的生活环境和温度变化较大，不合理地服用抗菌药物使肠道正常菌群紊乱等因素，是促使本病发生和流行的诱因。

【流行病学】 仔猪水肿病只发生于猪，并呈散发性。

第一，本病只发生于猪，并且有明显的年龄特点，主要见于保育期间的仔猪，尤其是断奶后2周内是本病的高发期。

第二，本病呈散发性，仅限于某猪场或某窝仔猪，不会引起广泛传播和流行。在一窝发病的仔猪中，往往是几只生长最快、膘肥体胖的仔猪首先发生，而另几只瘦弱的仔猪反倒可幸免。对全群猪来讲，本病的发病率不高，但病死率可达90%以上。

【症状】 发生仔猪水肿病的仔猪，往往突然发病，病猪的精神沉郁，食欲停止。粪便干硬，体温正常，很快转入兴奋不安，表现出特征性的神经症状，如盲目行走，碰壁而止；有时转圈，感觉过敏，触之惊叫，叫声嘶哑；走路摇晃，一碰即倒，倒地后肌肉震颤、抽搐，四肢不断划地如游泳动作。病程1～2d，以死亡为最终结局。

【病理变化】 仔猪水肿病的尸体外表苍白，眼睑、结膜、齿龈等处苍白、水肿（图7-12，彩图），淋巴结切面多汁、水肿，特别是胃大弯的水肿是具有诊断价值的病变。但近年来的临诊剖检实践证明，此特征已由肠系膜的明显水肿所替代。其他脏器也有不同程度的水肿。

【预防】 仔猪水肿病的预防主要参照下列方法。

第一，刚断奶的仔猪不要突然改变饲料和饲喂方法，注意日粮中蛋白质的比例不能过高，缺硒地区应适当补硒及维生素E。也可在饲料中添加微生态细菌制剂。

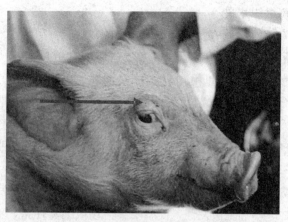

图 7-12 猪水肿病 (病猪眼睑水肿)

第二，对断奶仔猪应尽量避免应激刺激，刚离乳的仔猪要适当限制喂料，一般经 2 周后才能让其自由采食。经验表明，这一举措不仅能有效地防止水肿病的发生，还能减少腹泻性疾病的发病率，而对保育猪的生长发育并无影响。

第三，用大肠杆菌致病株制成菌苗，接种妊娠母猪，也有一定的被动免疫效果。

第四，在断奶仔猪的饲料中添加适宜的抗菌药物，如氯霉素、土霉素、新霉素、呋喃唑酮等，可预防本病的发生。

【治疗】 本病缺乏特异性的治疗药物。一般用抗菌药物、盐类泻剂（硫酸镁 25～50g），以抑制或排除肠道内细菌及其产物。用葡萄糖、氯化钙、甘露醇等静脉注射，解毒、脱水，安钠咖皮下注射，对较慢性的病例有一定的疗效。用本病的分离菌株制成多价灭活菌苗，多次给肥猪接种，以后取其高免血清给病猪注射，有较好的疗效。

8. 猪气喘病

猪气喘病是由猪肺炎支原体引起的猪的一种接触性、慢性呼吸道传染病，又称猪地方流行性肺炎或支原体性肺炎。主要症状为咳嗽、气喘和呼吸困难，病变的特征是肺的尖叶、心叶、中间叶和膈叶前缘呈肉样或虾肉样病变。本病遍布于全球，以我国地方品种猪最易感，其发病率较高，病死率却很低，但对病猪的生长发育影响很大。

【病原】 猪肺炎支原体，过去曾经称为霉形体，是一群介于细菌和病毒之间的多形微生物。它与细菌的区别在于它没有细胞壁，呈多形性，可通过细菌过滤器。本病原存在于病猪的呼吸道及肺内，随咳嗽和打喷嚏等动作排出体外。本病原对外界环境的抵抗力不强，在体外的生存时间不超过 36h，在温热、日光、腐败和常用的消毒剂作用下都能很快死亡。猪肺炎支原体对青霉素及磺胺类药物不敏感，但对四环素、卡那霉素、林可霉素敏感。

【流行病学】 哺乳仔猪及幼猪最易发病，其次是妊娠母猪及哺乳母猪，成年猪多为隐性感染。病猪和隐性感染猪是主要传染源，病原体存在于病猪的呼吸道及其分泌物中，通过接触经呼吸道传播。一年四季均可发生，但冬、春季多发。

第一，病猪和隐性病猪是本病的主要传染源，康复猪在病状消失半年到 1 年后仍可排出病原体。若从疫区引进康复猪或隐性病猪，可使引入的猪场发生气喘病的爆发流行。本病原存在于病猪的呼吸道，通过病猪的咳嗽、喷嚏和呼吸道的分泌物形成飞沫，浮游于空气中，被易感猪吸入后经呼吸道感染。因此，猪群拥挤、猪舍通风不良、营养不足等应激因素有利于本病的发生。

第二，本病只感染猪，不同日龄、性别和品种的猪都能感染。在新疫区或流行初期，往往以妊娠后期的母猪发病较多，症状明显。在老疫区或流行后期，则以仔猪发病较多，病死率较高。肥猪和成年猪常呈慢性或隐性感染。地方品种猪的易感性高于外来的纯种猪和杂交猪。一旦将本病传入猪场，很难断根，成为猪场的老大难病。

【症状】

（1）**急性型症状** 突然出现明显的呼吸困难，张嘴喘气，头下垂，站立一隅或趴伏在地，有时呈犬坐式。体温一般正常。此类型见于新疫区和流行初期，尤以妊娠后期的母猪和仔猪多见。

（2）**慢性型症状** 表现长期咳嗽和气喘。初期为短而少的干咳，尤以清晨、夜晚、运动后、进食时最为常见。病猪咳嗽时站立不动，背拱起，颈伸直，头下垂，直到痰液咳出或咽下为止。呼吸困难，呈现明显的腹式呼吸，在静卧时最易看出。病程较长的仔猪消瘦衰弱，被毛粗乱无光泽，生长发育不良。在良好的饲养管理条件下，可育肥出售，但饲料利用率可下降 20％左右。

【病理变化】 主要病变在肺、肺门淋巴结和纵隔淋巴结。急性死亡猪的肺有不同程度的水肿和气肿，在心叶、尖叶、中间叶及部分病例的膈叶下端，出现融合性支气管肺炎，呈肉样或虾肉样病变，其中以心叶最为显著，这种特征性病变具有诊断价值（图 7-13，彩图）。

【诊断】 可用 X 线检查，可做病原的分离和鉴定。血清学检查常用的有微粒凝集试验、酶联免疫吸附试验等。但由于本病具有特征性的临床症状和病变，因此，一般不必作实验室诊断，除非引进种猪，需检查隐性或慢性病猪时才进行。

【预防】

（1）**未发现本病的猪场应采取的主要措施**

① 坚持自繁自养。若必须从外地引进种猪时，应了解产地的疫情，证实无本病后方可引进。自繁、自育、自养；全进全出；早诊断，早隔离；早期隔离断奶（SEM）等。

图 7-13　气喘病（肺对称性肉样病变）

② 做好饲养管理和防疫卫生工作。注意观察猪群的健康状况，如发现可疑病猪，及时隔离或淘汰。改进饲养条件与控制饲养环境，改变猪舍卫生状况。保持舍内空气良好，特别在冬、春季节要适当处理好通风与保温的关系。带猪消毒，每次转群后彻底清扫和消毒圈舍，可用 2% 次氯酸钠和 0.3% 过氧乙酸。

（2）已发现本病的猪场应采取的主要措施　搞好预防接种。种猪和后备猪每年 8～10 月注射弱毒疫苗，右胸腔注射。仔猪进行二次免疫，7～15 日龄首免，60～80 日龄二免。连续注射疫苗 3 年，可控制猪气喘病。

① 利用康复母猪建立健康猪群，逐步清除病猪。做到"母猪不见面，小猪不串圈。"避免扩大传染。

② 对有饲养价值的母猪（无论病状明显与否），均进行 1～2 个疗程的治疗，证实无症状后方可进行配种。以后进入单栏的隔离舍中产仔，观察，直到小猪断奶，确认健康后进行分群饲养或留作种用。

③ 对有明显症状的母猪，不宜留作种用，严格隔离治疗

后育肥出售。

（3）应用疫苗防制时的注意事项

① 本疫苗只适用于外来品种或杂交猪，而对地方品种的猪尚不很安全。

② 免疫接种途径必须是胸部肋间隙胸腔肺内注射或气管注射，其他途径注射无效。

③ 首免日龄为 7～15 日龄，二免在 60～80 日龄。在本疫苗接种前后 1 周内，禁止饲喂含有抗菌药物的饲料。

【治疗】

（1）**四环素族抗生素**　此类药物对本病原菌较敏感，有较好的疗效。常用的制剂有土霉素盐酸盐，每千克体重肌内注射 50mg，第 1 次用倍量，每日 1 次，连用 5～7d 为 1 疗程。也可自配成 20%～25% 土霉素碱植物油制剂（花生油、豆油），每 10kg 体重肌内注射 1mL，每 2 天 1 次，5 次为 1 疗程。

（2）**卡那霉素**　每 20kg 体重肌内注射 50 万单位，每日 1 次，连用 5d。

（3）**泰乐菌素**　每千克体重肌内注射 10mg，每日 1 次，连用 3～5d。每升水中加本品 0.2g，内服，连饮 3～5d，有良好的防治作用。

（4）**林可霉素（洁霉素）**　按每千克体重肌内注射 50mg，每日 1 次，连用 5d。

（5）**支原净**　每千克体重每天拌料 50mg，连服 2 周。

对于重病猪因呼吸困难而停食时，在使用上述药物的同时，还可配合对症治疗，如适当补液（可以皮下或腹腔注射），使用尼可刹米注射液 2～4mL，以缓解呼吸困难。配合良好的护理，以利于病猪的康复。

9．猪链球菌病

猪链球菌病是由几个血清群链球菌感染所引起的多种疾病的总称。急性的常为出血性败血症和脑炎，慢性的以关节炎、心内膜炎、化脓性淋巴结炎为特征。

本病广泛发生于各养猪发达国家，是猪的一种常见病。我国各地都有猪链球菌病的报道，给养猪业带来较大的经济损失。

链球菌在自然界分布很广，种类也很多，大部分是不致病的。猪链球菌病是由致病性链球菌引起的。链球菌是一种圆形的球菌，呈链状排列，革兰染色阳性。

本菌对多种抗生素虽然敏感，但极易产生耐药性。常用消毒药均可将其杀灭。

【流行病学】

第一，病猪和带菌猪是主要传染源。伤口是重要传染途径，新生仔猪常经脐带感染，也可能通过呼吸道、消化道传播。

第二，本病在新疫区呈爆发性流行，各日龄的猪都可感染，表现为急性败血型，在短期内波及全群，发病率和病死率都很高。呈地方流行性和散发性。本病在气温较高的5～11月多发。

【症状】

（1）**最急性型**　多见于新生仔猪和哺乳仔猪，往往不见明显的症状而突然死亡。有的病程延长至2～3d，体温升高，呼吸急迫，精神沉郁并出现神经症状，不久即死亡。

（2）**急性或亚急性型**　断奶后的保育仔猪感染后，常呈急性或亚急性表现。突然停食，体温升至41℃以上。病初流出浆液性鼻汁，眼结膜充血、流泪，似流感的症状。不久出现腹泻或粪便带血，具有诊断价值的是脑膜脑炎症状，如盲目行走或转圈，步态踉跄，倒地后衰竭或麻痹而死亡，病程2～5d，自然致死率达80%以上。

（3）慢性型 育肥猪、后备猪及成年猪感染后，往往表现为慢性。见有关节炎、心内膜炎、化脓性淋巴结炎、局部脓肿、子宫炎、乳腺炎、咽喉炎及皮炎等。四肢关节发炎肿痛，跛行或卧地不走，触诊局部有波动感，皮肤增厚。下颌淋巴结常见化脓性淋巴结炎，肿胀、隆起，触诊硬固有热痛，这些现象往往都不被人们所察觉，直到脓肿扩大影响到采食、咀嚼、吞咽以至呼吸时，才可能被发现，有的甚至屠宰时才发觉。这也说明其危害并不很严重。

【病理变化】 本病的病理变化与感染的部位有关，急性败血性的病变是血液凝固不良，全身淋巴结肿大、出血，浆膜及皮下均有出血斑，其他各脏器均有不同程度的败血症病变。

【诊断】 确诊本病可采取病猪的血液、肝、脾等组织，抹片染色镜检可发现链球菌。进一步诊断可做病原的分离培养和敏感动物接种试验（选用小白鼠，用病料或分离培养物进行皮下接种或腹腔接种，于18～72h呈败血症死亡，在其实质器官及血液中，有大量菌体存在）。本菌的变异株，毒力能迅速增强，致病力增大，可引起地方性流行，其发病率和病死率都高于一般败血型链球菌病。对常用的抗菌药物都可产生耐药性，本菌还能通过伤口感染给人，故本病在公共卫生上有着重要意义。

【预防】

第一，在本病常发的地区或猪场，可用链球菌疫苗进行免疫接种。

第二，发现病猪及可疑病猪，立即隔离治疗。病猪恢复后2周方准宰杀。急宰猪或宰后发现可疑病变者，胴体应作高温无害化处理。

第三，发现疫情后，对全场猪群进行药物预防，如氯霉素、氟哌酸、土霉素等（剂量参看药物添加剂），一般添加于饲料中喂给。

【治疗】　发病初期可用青霉素 240 万～320 万 IU（以 50kg 体重的病猪为例）、链霉素 1g，混合肌注，连用 3～5d。也可用氯霉素 20mg/kg，每日 2 次，肌注。或庆大霉素 1～2mg/kg 体重，每日 2 次，肌注。也可口服恩诺沙星 5mg/kg 体重，每日 2 次。

对淋巴结脓肿，若脓肿已成熟，可将肿胀部位切开，排除脓汁，用 3％双氧水或 0.1％高锰酸钾液冲洗后，涂以碘酊，不缝合，几天后可愈。

10．伪狂犬病

伪狂犬病是由伪狂犬病病毒引起的家畜及野生动物的急性传染病，其中对猪的危害较大。成年猪一般呈隐性感染，妊娠母猪发生流产，仔猪感染后出现明显的神经症状和全身反应，病死率较高。

本病广泛分布于世界各国，给养猪业带来较大的经济损失。近年来，我国的一些省市，特别是大型猪场都曾查出本病。随着规模化、工厂化养猪生产的发展，伪狂犬病有扩大蔓延的趋势，应该引起我们高度的重视。

伪狂犬病病毒存在于血液、乳汁、脏器和尿液中，后期存在于中枢神经系统。本病毒能在鸡胚及多种哺乳动物细胞上生长繁殖，产生核内包涵体，目前只发现 1 个血清型。病毒对外界环境的抵抗力很强，在污染的猪舍或环境中能存活 1 个多月。一般常用消毒药都可将其杀灭。

【流行病学】　病猪、康复猪和无症状的带毒猪是本病的重要传染源。病毒随鼻腔分泌物、唾液、乳汁、粪、尿及阴道分泌物排出体外，通过消化道、呼吸器官、皮肤伤口及配种等多种途径传染。

鼠类在本病的传播中也起着重要作用。值得注意的是，病毒在污染猪场中通过猪体多次传代，能使毒力增强。因此，本病一旦传入猪场后，若不采取积极的防制措施，在一定时间内，病情可能越来越严重。

【症状】

① 妊娠母猪感染后，可发生流产、死产及延迟分娩。流产、死产的胎儿大小差异不大（图7-14）。也有部分弱仔，这些弱仔于产后1～2d出现呕吐、腹泻、精神委顿、运动失调，最后痉挛而死。该母猪流产后，下次发情、受胎不受影响，但能继续带毒、排毒。

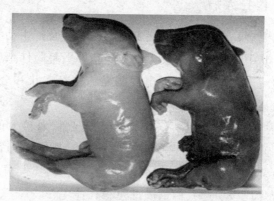

图7-14 猪伪狂犬病流产胎儿

② 哺乳期的母猪感染后，其本身并无明显的临床症状，或只表现为一过性发热，但在感染后6～7d的乳汁中含有大量病毒，可持续3～5d。哺乳仔猪因吮奶而感染本病，日龄越小，病情越严重，其特点是全窝仔猪都发病。表现为体温升高，全身症状明显，眼睑肿胀，视力丧失，兴奋不安，神经症

状，抽搐，转圈运动，划水状（图 7-15；图 7-16，彩图），在 2～3d 全部死亡。发病率和死亡率较低，若有黄色稀便，100％死亡。

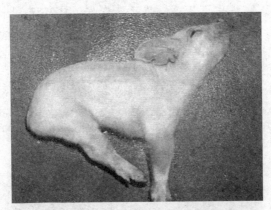

图 7-15　猪伪狂犬病的间歇性抽搐，四肢呈划水状

图 7-16　猪伪狂犬病
上：神经症状，转圈。下：耳朵一个向前，一个向后，呈神经调节失衡症状

　　在本病流行的猪场，有的母猪曾经感染过本病，并产生较高的抗体，因此，仔猪在哺乳期间，可从乳汁中获得母源抗体而不发病，一旦断奶后（进入保育栏），仍可发病。据报道，

伪狂犬病在一些猪场的发病率为 2.1%，病死率达 95%。

③ 初生乳猪 2～3d 发病，体温升高（41～41.5℃），昏睡、流涎或口吐白沫，有时呕吐或腹泻、拉黄色稀便，眼睑、口角水肿，腹部皮下紫斑，畸形，犬坐（图 7-17；图 7-18，彩图），眼发直，四肢如游泳状，转圈，出现神经症状，呈犬坐姿势，100% 死亡。

图 7-17　猪伪狂犬病：犬坐姿势一

图 7-18　猪伪狂犬病：犬坐姿势二

④ 60 日龄以上的猪感染本病，症状轻微或呈隐性感染，只表现短期发热。病猪的精神、食欲减退，有的出现咳嗽和呕吐，一般经 3～5d 便可自然康复，有时甚至不被人们所发觉。

⑤ 成年猪感染本病的咳嗽，打喷嚏，呼吸减慢，发热，腹泻，很少有神经症状，整体生产性能差，免疫抑制。妊娠母猪返情，流产，产死胎、木乃伊胎。

【病理变化】 死于本病的猪，剖检看不到特征性病变，仅仅在呼吸道、胃肠道黏膜有充血、出血和水肿，肝脏表面有散在的坏死点（图 7-19，彩图），脑膜充血、水肿，脑脊髓液增量等。组织学的病变有一定的诊断价值，表现在中枢神经系统呈弥散性非化脓性脑膜脑炎及神经节炎，有明显的血管套及胶质细胞坏死。

图 7-19　伪狂犬病肝脏表面散在坏死点

【预防】

第一，病猪和隐性感染猪是危险的传染源，但凭临床症状是不能发现的，必须作血清学检查。

第二，鼠是猪伪狂犬病的重要传播媒介，猪场平时应坚持做好灭鼠工作。

第三，本病的免疫程序应根据猪场是否存在本病来制订，若是伪狂犬病的疫区或流行场，则要对后备公猪和母猪进行接种，初配后再加强免疫 1 次。若是非疫区或为本病的清净场，则要对全场的猪都进行接种，接种间隔期应按疫苗的保护期长短而定。

【治疗】 本病目前没有特效的治疗药物。对于仔猪，在病的初期可使用抗伪狂犬病高免血清，或以此制备的丙种免疫球蛋白治疗，有一定的效果。

11．猪传染性脑脊髓炎

猪传染性脑脊髓炎是由病毒引起，主要侵害中枢神经系统，引起一系列神经症状的传染病。病猪以发热、共济失调、肌肉抽搐和肢体麻痹为特征，又称捷申病、猪脑脊髓灰质炎。本病在世界许多国家都有发生。

猪传染性脑脊髓炎病毒有 11 个血清型，而引起本病的是 1、2、3、5 血清型，其中以 1 型的毒力最强，是本病的主要病原。病毒对多种消毒药都有较强的抵抗力，因此，必须提高消毒药的浓度和消毒时间才有效。

【流行病学】

① 本病仅见于猪，各品种和年龄的猪均有易感性，但临床上以保育猪发病最多，成年猪多为隐性感染，哺乳仔猪可获得母源抗体的保护。

② 本病在新疫区呈爆发式流行，开始个别发生，以后蔓延全群，也有的呈波浪式发生，一批猪发病后，相隔数周或数月，另一批猪又发生了。在老疫区，常呈散发性。

③ 病毒主要存在于猪的脑和脊髓中，但可通过粪便排毒，污染饲料和饮水，经消化道传播。也可能通过人员的往来及老鼠、运输车辆间接传播。

【症状】 本病的潜伏期，人工感染试验平均为 6d。病初体温达 $40\sim41℃$，精神与食欲减退，后肢无力，运动失调。有的病猪前肢前移，后肢后伸，重者眼球震颤、肌肉抽搐，角弓反张和昏迷，伴有鸣叫、惊厥和磨牙，随后发生麻痹，反射消失而死亡。病死率高达 60% 以上，不死者也往往留有肌肉麻痹和萎缩的后遗症。

【病理变化】 剖检可见脑膜水肿，脑膜和脑血管充血。组织学检查，病变也局限于中枢神经系统，呈现非化脓性脑脊髓灰质炎，尤以脊髓最为严重。

【预防和治疗】

第一，加强从国外引进猪的检疫，一旦发现可疑病例，应采取隔离、消毒等常规措施，并尽快请有关单位作出诊断。若确诊为本病，应立即就地扑杀。

第二，使用细胞培养灭活苗，对仔猪进行免疫，保护率可达80%，免疫期6~8个月。

第三，目前没有可用于治疗的药物，也不宜治疗。

12．猪传染性萎缩性鼻炎

本病是由多杀性巴氏杆菌和支气管败血性波氏杆菌引起的猪慢性接触性呼吸道传染病。主要发生在春、秋两季，常见于2~5月龄的猪，主要通过直接接触和飞沫传染。此外，饲养管理不当、猪舍潮湿、拥挤等都可促进此病的发生和加重。早期发现用抗生素治疗效果较好。

【症状】 体温略高，起初只是打喷嚏和鼻塞，呼吸有鼻音，鼻黏膜潮红充血，摇头，拱地，并有不同程度的浆液性、黏液性或脓性分泌物流出。往往从单侧鼻孔流出血液，鼻面部皮肤和皮下组织皱缩，鼻孔和上颌骨生长迟缓，有鼻甲骨萎缩现象（图7-20）。结膜炎，猪的脸上因为眼角流泪后，黏附了尘土而形成一条肮脏的泪痕。部分猪肌肉发抖。发病后，猪只生长缓慢，饲料利用率明显下降。

【病理变化】 前鼻窦黏膜发炎，窦腔内积有黏液，鼻腔周围骨骼变得疏松，在鼻部横切面，可见鼻甲骨腹部卷曲，变形（图7-21）。

图 7-20　萎缩性鼻炎（病猪鼻梁弯曲，脸部上撅）

图 7-21　萎缩性鼻炎（鼻甲骨消失，鼻腔变成一个鼻道，鼻中膈弯曲）

【治疗】

① 用 0.1％高锰酸钾清洗鼻腔。

② 抗生素治疗。颈部肌内注射用核苷三肽 10mL 和杆菌必杀 10mL 稀释的强效阿莫西林，或用盐酸林可霉素注射液 10mL。

【预防】

① 最好自繁自养，加强检疫，购入的猪要隔离观察 2～3

个月，确认无病后，再混群饲养。

② 淘汰病猪，更新病猪群。凡是有症状的全部淘汰，由于有的猪外表无症状，但检出率很低，最好全群淘汰。

③ 这个猪群的母猪所产的仔猪，不要与其他仔猪接触，断奶后也要单独饲养。

④ 改善饲养管理条件，如降低饲养密度，改善通风条件，减少空气中的有害气体，保持猪舍清洁、干燥，防寒保暖，防止各种应激。

⑤ 在母猪产仔前1～2个月接种相应的菌苗。通过母源抗体可保护仔猪几周内不感染。也可给1～3周龄的仔猪免疫注射，间隔1周，再进行二免。

13. 猪衣原体病

本病是由鹦鹉热衣原体引起的疾病，在个别猪场时有发生。

【流行病学】

① 本病是自然疫源性疾病，猪场内野鼠、禽鸟是自然散毒者。被感染的猪只（康复后）持续地潜伏性带菌，带菌的种公、母猪为幼龄猪的主要传染源。

② 种公猪可通过精液传播，母猪通过胎盘垂直传播，还可以通过呼吸道、消化道行水平传播。

③ 本病在秋、冬流行严重，一般呈慢性经过，感染猪群，清除十分困难。

【症状】

① 母猪流产。多发生在初产母猪，妊娠母猪感染后一般不表现其他异常表现。突发流产、早产、产死胎或弱仔。流产胎儿水肿，头颈、四肢出血，肝充血、出血和肿大，全身皮肤出血（图7-22，彩图）。适繁母猪群不育、空怀。

图 7-22 猪衣原体病流产胎儿全身皮肤出血

② 种公猪多表现尿道炎、睾丸炎、附睾炎。

③ 仔猪多发生肺炎、肠炎、多发性关节炎、脑炎、结膜炎等。

【防制措施】

（1）**综合性措施** 消灭猪场内野鼠、麻雀；新引进的猪要检疫，阳性者不得混群饲养；淘汰发病种公猪；流产胎儿、死胎、胎衣要集中无害化处理。

（2）**免疫接种** 猪衣原体流产灭活苗，种公猪每年免疫 1 次，皮下注射 2mL/头；繁殖母猪配种前 1 个月皮下注射 2mL/头，每年 1 次，连续 2～3 年。

（3）**药物防治** 妊娠母猪，产前 2～3 周使用四环素族抗生素，以预防新生仔猪感染。出现症状仔猪，可肌注 1％土霉素 1mL/kg 体重，连续 5～7d。要注意产生抗药性，最好交替用药，先做药敏试验。

14．猪肺疫

猪肺疫又叫猪巴氏杆菌病，还叫"锁喉风"，是猪的一种急性传染病。主要特征是败血症，咽喉及其周围组织急性炎性肿胀，呼吸困难。表现为肺脏、胸膜纤维蛋白渗出性炎症。本病分布广，发病率不高。

【病原】 病原体为多杀性巴氏杆菌，革兰染色阴性。抵抗力较低，在日光下或高温立即死亡。

【流行病学】 各年龄的猪均可感染，常常是散发，以架子猪多发。病猪是主要传染源。主要经呼吸道感染，也可内源性感染。多发于气候多变季节，呈散发或地方流行性。

【症状与病变】

（1）**最急性型** 呈败血症症状。常常突然死亡，病程稍长的，体温升高到41℃，呼吸高度困难，食欲废绝，黏膜蓝紫色，喉部肿胀，有热痛。口鼻流出泡沫，呈犬坐姿势（图23）。后期耳根、颈部以及腹下皮肤变成蓝紫色，有时可见出血斑点，最后窒息死亡，病程1～2d。

图7-23 猪肺疫（病猪呼吸困难呈犬坐）

（2）**急性型** 主要是纤维素性胸膜肺炎。发生干咳，败血症较轻，有黏稠的鼻液和脓性眼屎，先便秘后腹泻。后期皮肤出现紫斑，病程5～8d。

（3）**慢性型** 主要是慢性肺炎或慢性胃肠炎。持续咳嗽，呼吸困难，逐渐消瘦。有时有关节炎，皮肤出现湿疹，病程2周左右，死亡率60%～70%。

【病理变化】　主要在肺脏。肝脏充血、水肿，可见红色肝变区。急性型肺脏呈暗红色或灰红色。慢性病例可见肺脏有大块坏死灶或化脓灶（图7-24，彩图）。

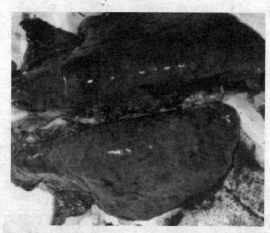

图7-24　猪肺疫的肺出血

【防制】

① 防止应激因素的发生。

② 发病后，进行隔离、消毒处理，也可用高免血清紧急注射。还可用疫苗紧急预防接种。

③ 药物治疗。青霉素、氨苄西林、链霉素、四环素族和磺胺类药物。

15．猪繁殖与呼吸道综合征（猪蓝耳病）（PRRS）

猪繁殖与呼吸道综合征又称为"蓝耳病"，是由病毒引起的猪的一种呼吸和繁殖障碍性传染病。本病已成为世界性难题，在猪群中（持续）感染普遍，难以根除。自从PRRS出现之后，猪越来越难养了。

【病原体】 猪繁殖与呼吸道综合征病毒呈球形，有囊膜，为 RNA 病毒。对氯仿和乙醚敏感。病毒不耐酸碱，在 pH 值小于 5 或大于 7 的条件下，其感染力下降 90%。

【流行病学】 猪都可感染，不同年龄的猪的易感性和临床表现差异较大。繁殖母猪和仔猪较易感，育肥猪比较温和，仔猪的死亡率可达 80%～100%。病猪和带毒猪是主要传染源。病猪可从鼻汁、粪便和尿中向外排毒。本病还可经空气、交配等途径传播。

【症状】 潜伏期 4～7d。初期症状近似感冒，发热、沉郁、耳尖发绀（少数）、精神不振、厌食、呼吸困难、咳嗽。妊娠母猪流产或早产、产死胎、弱胎或病弱仔猪、木乃伊胎。早产母猪分娩不顺，少奶或无奶，产奶量下降，母猪不育，眼角膜充血（图 7-25，彩图）。

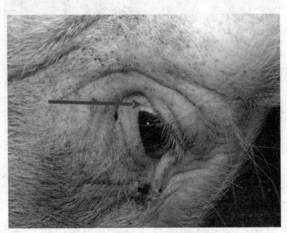

图 7-25　蓝耳病眼角膜周围血管充血

部分病猪四肢末端、尾巴、乳头、阴户，特别是耳部发绀，因此被称为"蓝耳病"（图 7-26、图 7-27，彩图）。

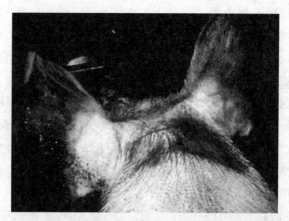

图 7-26　耳部皮肤严重发绀呈蓝耳症状

图 7-27　猪蓝耳病耳发绀

　　哺乳仔猪死亡率高。呼吸困难（腹式呼吸）、肌肉震颤、后躯麻痹、共济失调、打喷嚏、嗜睡、精神沉郁、食欲不振、关节肿大。早产胎儿脐动脉出血。以 3 周龄以内仔猪眼睑水肿具有重要的临床意义（图 7-28，彩图；图 7-29）。

　　公猪性欲降低，食欲不振，嗜睡，精液质量下降。有些病猪出现结膜炎和腹泻。

图 7-28　仔猪蓝耳病眼睑水肿

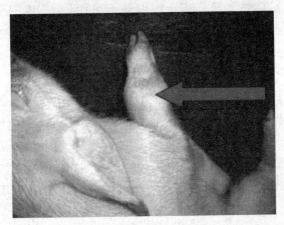

图 7-29　猪蓝耳病关节肿大

【病理变化】　间质性肺炎，表现为肺泡壁增厚。非化脓性脑炎。感染后48～72h剖检，腹膜、肾周围脂肪、肠系膜淋巴结、皮下脂肪和肌肉发生水肿。

【诊断】　根据孕猪流产、产死胎、产木乃伊胎、仔猪大量死亡，结合猪的感冒性症状和部分猪的耳朵、四肢发绀作出初步诊断。具有诊断意义的病理变化是间质性肺炎。荷兰专家设计了一个用于临床诊断的方案，14d 时间内，下列标准中符合两个，并伴有呼吸道症状，就可判为阳性：①流产和早产超过 8％；②死胎超过 20％；③出生 1 周内仔猪死亡 25％。

【综合防治措施】 本病是一种新的传染病，尚无特效的治疗和防制方法，只是采取一些措施缓解临床症状或用四环素等抗生素防止继发感染、控制继发感染。加强综合防控意识，谨慎引种，隔离驯化，推迟补铁、阉割及断尾。加强管理，做好营养、卫生、通风、饲养密度、保健工作，补充电解质和维生素。做好基础免疫，尤其是猪瘟、伪狂犬、口蹄疫。食量减少时，应饲喂高能量饲料。患病公猪精液质量下降，采取人工授精。

（1）**阴性猪场** 防止因引种不慎而传入 PRRSV，引种必须实行逐头检疫，确定为 PRRSV 阴性时才能引入猪场。

（2）**没有临床危害的阳性猪场** 坚持引进 PRRSV 阴性猪，引进的阴性种猪应尽快适应本场流行毒株。

（3）**有临床危害的阳性猪场** 无论从阴性猪场还是阳性猪场引种，都必须在引入后的隔离期内尽快注射 PRRS 弱毒疫苗。免疫接种弱毒疫苗是防控蓝耳病最经济有效的方法。我国有很多猪场使用弱毒疫苗有效控制了蓝耳病的发生与传播，减少了重大经济损失。没有蓝耳病危害时不用免疫蓝耳病活疫苗。目前，应用较多、效果较好的蓝耳病疫苗是"蓝定抗"。

16. 猪圆环病毒病

猪圆环病毒病是由猪圆环病毒引起的，以断奶仔猪渐进性衰竭为特征的一种传染性疾病。

【病原及流行病学】 1991 年本病首发于加拿大，很快传遍欧洲。1995 年，国际病毒分类委员会定名该病毒为圆环病毒。这是一种迄今为止发现的最小病毒。它对外界环境抵抗力较强，对季铵盐类、氧化剂类、氢氧化钠等消毒剂敏感。

【诊断要点】

① 断奶仔猪生长发育不良，进行性消瘦，体重减轻，如果没有继发感染，体温正常。

② 后肷窝部位的肌肉明显比正常猪变软。

③ 行走时，猪后腿渐进性衰弱，最后发展到只要一站立就摔倒。

④ 个别仔猪出现渐进性咳嗽，呼吸困难。有的表现为轻度黄疸，贫血，皮肤苍白。另外还有个别仔猪表现为水样腹泻等不具备鉴别特性的不规律症状。

⑤ 中大猪眼珠发红或眼睑明显水肿。

⑥ 本病发病率低，死亡率高。

⑦ 脾脏初期肿大，后期萎缩。肺脏坚实类似于橡皮样，花斑状。肾脏肿大，有云雾状红斑。淋巴结肿大 4～5 倍，切面发白，外围黄褐色胶冻样坏死。个别猪肠道变细。盲肠内充满内容物。胃食管口处有大面积溃疡。

【防制措施】

本病目前无有效的市售疫苗，主要依靠药物预防。控制方案与蓝耳病相同。

17. 猪丹毒

猪丹毒是由猪丹毒杆菌引起的猪的一种急性、热性传染病，主要侵害架子猪。其特征是急性型表现为败血症；亚急性型表现为皮肤上出现紫红色疹块，高热；慢性型表现为心脏内膜炎、关节炎和皮肤坏死。

【病原体】 猪丹毒杆菌为平直或弯的杆菌，不产生芽胞，无荚膜，革兰染色阳性。有多种血清型，各种血清型的毒力差别很大。本菌对外界抵抗力很强，在动物组织内可存活数月，对热的抵抗力较弱，55℃ 15min、70℃ 5～10min 能将其杀死。消毒药如 3％来苏儿、1％漂白粉、2％烧碱或 5％石灰水等5～15min 就可将其杀死。本菌对青霉素、四环素等敏感。

【流行病学】 本病无明显季节性，但是在夏季、秋季发生较多。猪最易感，以 3～6 月龄的架子猪发病最多，老龄和哺乳猪发病少，其他动物较少感染。人感染本病称为"类丹毒"。病猪、康复猪以及健康带菌猪都是传染源。病原体随着粪便、唾液和鼻腔分泌物等排出体外，污染土壤、饲料、饮水等，经消化道和损伤的皮肤感染。在流行的初期，猪群常呈最急性经过，突然死亡 1～2 头，且多为健壮的大猪，以后陆续发病死亡。呈散发或地方流行性。

【症状】 潜伏期多在 3～5d，最短 1d，最长 8d，其长短与猪的抵抗力、感染途径、病原体数量及毒力等有着密切的关系。按照病程长短可分为急性败血型、亚急性型和慢性型。

（1）**急性败血型** 多见于流行初期。个别猪不表现症状而突然死亡。大多数有明显临床症状，体温突然上升至 42℃以上，寒战，食减，或有呕吐，常躺卧地上，不愿意走动，行走时步态僵硬或跛行，有疼痛感。站立时背腰拱起，结膜充血，眼睛清亮有神，很少有分泌物。大便干燥，有的后期发生腹泻。发病 1～2d 后，皮肤上出现红斑，其大小和形状不一，以耳、颈、背、腿外侧较多见，指压时褪色，手指抬起颜色复原。病程 3～4d，病死率 80％以上。

（2）**亚急性型（疹块型）** 通常呈良性经过，败血症症状较轻，其特征是在皮肤上出现疹块。病初期食欲减退，精神不振，不愿走动，体温升高。1～2d 后，在胸、腹、背、肩及四肢内侧出现大小不等的疹块，先呈淡红色，后变为紫红色，以至于黑紫色，形状为方形、菱形或圆形，坚实，稍微凸起，后期中央坏死，形成痂皮，经 1～2 周恢复（图 7-30，彩图；

图 7-31）。

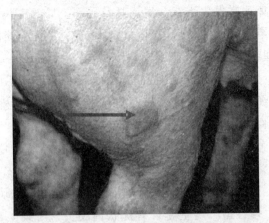

图 7-30　猪丹毒皮肤菱形疹块

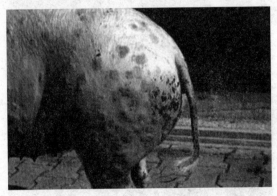

图 7-31　猪丹毒皮肤疹块

（3）**慢性型**　一般是由上述两型转来的。常见的有浆液性纤维素性关节炎、心内膜炎和皮肤坏死等症状。皮肤坏死一般单独发生，而浆液性纤维素性关节炎和心内膜炎往往在一头病猪身上同时存在。病猪食欲无明显变化，体温正常，但逐渐消瘦，全身衰弱，生长发育不良。

浆液性纤维素性关节炎常发生于腕关节和跗关节，呈多发性。受害关节肿胀、疼痛、僵硬，步态强拘，甚至发生跛行。

皮肤坏死常发生于背、肩、耳及尾部。局部皮肤变黑，逐渐与新生组织分离，最后脱落，遗留一片无毛而色淡的瘢痕。

【病理变化】

（1）**急性败血型** 皮肤上有大小不一和形状不同的红斑或弥漫性红色。脾脏肿大，呈樱桃红色，俗称"樱桃脾"。肾脏瘀血、肿大，呈暗红色，皮质部有出血点，俗称"大红肾"。淋巴结充血、肿大，也有小出血点。肺脏瘀血、水肿。胃及十二指肠发炎、有出血点等。

（2）**亚急性型** 皮肤上有方形和菱形的红色疹块。

（3）**慢性型** 房室瓣常有疣状内膜炎，瓣膜上有灰白色增生物，呈菜花样。其次为关节肿大，有炎症，在关节腔内有纤维素性渗出物（图7-32，彩图）。

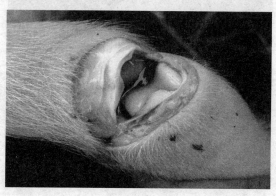

图7-32 关节炎

【防治措施】 平时做好预防注射，当前我国常用两种疫苗。

（1）**预防** 进行免疫接种，每年的春、秋各自免疫1次。猪丹毒弱毒苗临床上用20%氢氧化铝生理盐水稀释，大小猪一律皮下注射1mL，注射后7d产生免疫力，免疫期6个月。

口服时，每头猪 2mL，服后 9d 产生免疫力，免疫期 6 个月。

（2）**治疗措施**　发病后应及时早期确诊，隔离病猪，及时治疗。青霉素为首选抗生素，用量每千克体重 1 万国际单位，每天 2～3 次肌内注射，连用 3～4d。体温下降，食欲和精神好转时，仍需要继续注射 2～3 次，巩固疗效，防止复发或转为慢性。四环素、土霉素、洁霉素、泰乐菌素等也有良好疗效。

（3）**猪场环境及用具应进行消毒**　猪粪以及垫草集中堆积发酵，腐熟后作为肥料用。病死猪或屠宰猪可高温处理，血液、内脏等深埋。屠宰和解剖人员应加强防护工作，免受猪丹毒杆菌感染，如果有发病，要立即就医。

18. 猪附红细胞体病

本病是美国学者于 1950 年首次报道的，我国于 1972 年在江苏首次发现，以后广东、河北、河南、安徽等地也有此病的报道。

【病原】　对猪致病的附红细胞体，属立克次体。猪附红细胞体直径 $0.8～2.5\mu m$，通常呈环形，还可呈杆状、球状或芽状，一部分附着于红细胞表面，一部分可游离于血浆中，不在猪的血液外组织繁殖。各种消毒剂均可有效将其杀灭。

【流行病学】　猪为唯一宿主，猪一般呈隐性感染，其中以育肥猪和后备猪最易感，隐性感染和部分耐过猪的血液中均含有猪附红小体而长期带菌，成为潜在传染源。因此该病一旦侵入猪场则很难彻底根除。

一般认为本病主要由吸虫昆虫（蚊、蜱、蝇等）传播，受污染的针头、外科手术器械也可传播，带病原体的母猪也可经子宫传染给胎儿，但不经消化道、呼吸道感染。

本病多发生于夏、秋季节，在寒冷季节则较少发生。在本病流行地区，猪血中病原体的出现率很高，在秋后被隐性感染的幼龄猪在入冬后遇到降温等应激因素，可表现大群发病，因此本病的发生至少可延续到 12 月。

【症状】 本病潜伏期一般为 6～10d，长者可达数月。

（1）急性型 病猪体温升高至 40～42℃，呈稽留热型。病猪精神沉郁，食欲下降，全身皮肤发红（以耳部、鼻镜、腹部皮肤最明显），急性者常于出现症状后 1～2d 死亡。病初便秘或便秘和下痢交替，后期下痢。呼吸困难，有时咳嗽。可视黏膜早期充血，后期可表现苍白，茶色尿，黄疸。

（2）亚急性和慢性型 亚急性和慢性者病程长，有些病猪痊愈或治愈后表现贫血，生长受阻（成为僵猪），并终生带菌。本病死亡率可达 20%～30%。

【病理变化】 病死猪皮肤及黏膜苍白，全身肌肉色泽变淡，脂肪不同程度的黄染。全身淋巴结肿大，切面外翻，有液体渗出。血液稀薄，凝固不良。脾肿大，质地柔软，有出血点和丘疹样结节。肝肿大，棕黄色，质脆，有出血点或坏死灶，胆囊肿大，墨绿色胆汁充盈。肾肿大，混浊，贫血严重。肺瘀血、水肿。心肌苍白松软，心外膜脂肪和冠状沟脂肪出血、黄染，心包内有较多淡红色液体。脑充血、出血、水肿。膀胱黏膜有点状出血。

【诊断】 据病猪发热、贫血和黄疸等特征可作出初步诊断。确诊则需要实验室检查。制备血涂片，经姬姆萨染色，如在血浆中或红细胞上发现猪附红细胞体，即可确诊。也可用间接血凝试验、补体结合试验等来诊断。

【防治】 加强兽医卫生措施，防止吸血昆虫叮咬。对发病猪进行及时有效的足量足疗程的药物治疗。对无治疗价值的猪坚决予以淘汰，对受威胁或可疑感染猪群用有效药物预防性给药。

猪附红细胞体对砷制剂、四环素族抗生素、黄色素及血虫净等药物敏感。可用土霉素 80g/t、金霉素 50g/t 拌料预防。发病猪可用新胂凡纳明按 15～45mg/kg 体重静注，用土霉素（或四环素）按 10mg/kg 体重肌注或静注，用黄色素按 3mg/kg 体重加入葡萄糖盐水静注，用血虫净按 3～5mg/kg 体重深部肌注，以上药物每天 1 次，连用 3～5d。

19. 日本乙型脑炎

日本乙型脑炎又称流行性乙脑，是由日本乙型脑炎病毒引起的一种急性人畜共患传染病。猪发病后的特征性表现为妊娠母猪流产，产死胎、木乃伊胎；公猪表现为睾丸炎。传播媒介为蚊子。

【流行特点】 多种家畜均可感染，可传染给人。主要通过蚊子、蜱的叮咬传播。本病的发生有一定的季节性，尤其是 7～10 月。

【诊断要点】

① 猪常常突然发病，体温高达 40～41℃，呈稽留热型。病猪嗜睡，喜卧，食欲减退或不食。粪便干燥呈球状，表面附有灰白色黏液，尿液呈深黄色。

② 妊娠母猪感染后，流产或早产，产死胎（图 7-33，彩图）、畸形胎。胎儿大小不一，有木乃伊胎。流产后，母猪的体温和食欲恢复正常。

③ 公猪感染后，可见睾丸肿胀，多呈一侧（图 7-34），性欲减低，病毒自精液排出，精子总数和活力明显下降，并含有畸形精子。

【防治措施】

① 对于春季配种的初产母猪和初配的公猪，在配种前要注射乙型脑炎疫苗 2 次，前后间隔 14d。

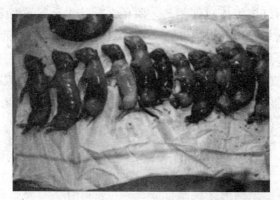

图 7-33　日本乙型脑炎整窝死产胎儿

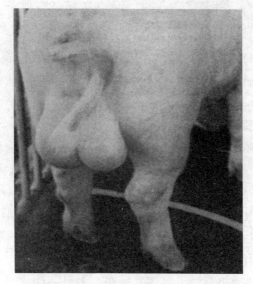

图 7-34　日本乙型脑炎患病公猪睾丸肿大

② 注意夏季猪场要经常采取灭蚊、灭蝇措施。

③ 对于已经发病的公猪要及时淘汰，肉要高温处理。

④ 发病的猪只及时隔离，肌内注射抗生素类药物，对于名贵猪种可注射康复猪血清，并对症治疗。

二、寄生虫病及中毒病

1. 猪疥螨

【病原】 猪疥螨（图 7-35）的发育周期为 8～22d。成虫、幼虫和若虫在猪的皮肤内寄生，在猪的皮肤内挖掘隧道，刺激皮肤和神经末梢，致皮肤发痒，影响猪的采食和休息，使猪发育受阻。

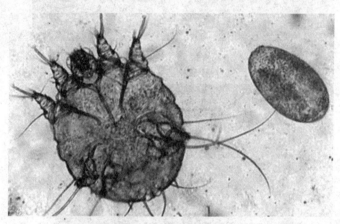

图 7-35 猪疥螨形态

【流行病学】 直接或间接接触感染。以冬、春季节光照不充足时发生最严重。管理差、抵抗力差、营养不良（瘦弱）的猪病情严重。

【症状】 有两种类型。一是慢性皮炎型，皮肤剧痒、渗出、结痂、脱毛、消瘦等，生长发育受阻。二是皮肤过敏型（俗称"红皮病"），腹下、颈下、大腿内侧等皮肤紫红、发痒，由于经常蹭痒摩擦而有渗出液（图 7-36、图 7-37，彩图）。

【诊断】 取耳廓内侧或病健皮肤交界处皮屑，镜检。

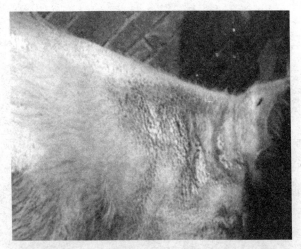

图 7-36　疥螨病耳根、耳后部结痂

图 7-37　疥螨患猪

【防治与净化】

① 猪舍保持卫生、清洁、干燥、通风，采光良好。

② 防止引进疥螨感染猪。

③ 药物净化。首选药物为阿维菌素，副作用小，可在围产期驱虫，并可驱除体内外主要寄生虫，1% 注射剂按 3.3mL/100kg 体重皮下注射或 1% 粉剂按 30kg 体重 1g 口服。

净化程序如下。

① 从外地引进的猪，先驱虫后1周再合群。

② 妊娠母猪产前1～2周用药1次。

③ 仔猪在20～30日龄和60～70日龄（转群）各驱虫1次。种猪每半年驱虫1次。

④ 未采用净化程序的发病猪场，全场猪用药1次，间隔7～10d再重复1次。

2. 猪囊虫病

① 本病的病原体为猪带绦虫，又名"有钩绦虫"。成虫长2～6m，白色带状，圆球形头节的顶突上有25～50个小钩，颈节细小，其后是未成熟以及成熟节片，其中孕节中有圆形或椭圆形卵。

② 本病呈全球分布。成虫只寄生于人的小肠，其孕节可不断地脱落排出，污染地面、饮水和饲料。

③ 猪食入被孕节或虫卵污染的饲料或饮水而感染，虫卵里的幼虫（六钩蚴）逸出，钻入肠壁，经血液或淋巴达到身体各部（多寄生在猪的肌肉中），经过2～3个月发育为具有感染力的囊尾蚴。猪囊尾蚴在猪体内生存数年后钙化死亡，人食入含有活的囊尾蚴的猪肉后，在胃肠液的作用下，囊壁被消化，头节依靠吸盘和小钩附在肠壁上，经过50d左右发育为成虫。

【症状】 猪感染后一般无明显症状，只有在极其严重感染或某个器官受到损害时才表现明显症状，如寄生于呼吸肌、肺脏、喉头时，猪表现为呼吸困难，声音嘶哑和吞咽困难；寄生于眼睛时，可造成视力减退；寄生于大脑时，则有癫痫和急性脑炎症状。

【病理变化】 病猪在膈肌、心肌等部位，以及在脑、肺脏等形成白色半透明、黄豆粒大的囊泡。猪在生前诊断是检查舌两侧或结膜上是否有囊虫寄生。

【防治措施】

（1）**预防措施** 农村散养时，厕所要与猪圈分开。人不吃生的或未煮熟的猪肉。加强肉品卫生检疫。

（2）**治疗措施** 猪感染囊虫病后，可用丙硫苯咪唑，按照猪每千克体重 60～65mg，以植物油配成 6％悬浮液，肌内注射，每隔 48h 注射 1 次，共注射 3 次。

3. 黄曲霉毒素中毒

本病是猪采食了被黄曲霉毒素污染的饲料所引起的疾病，是以肝脏损害为主要特征的中毒病。

【病因】 饲料中含有被黄曲霉菌感染的花生、玉米、黄豆等，并且有霉变。病猪的发病率与食用这批饲料的量呈正相关，不吃这种饲料的猪不发病，发病的猪也没有传染性。

【症状】 渐进性食欲减退，口渴。粪便干燥球状，表面附有黏液与血液。可视黏膜苍白，黄疸。精神沉郁，后肢无力。有时出现间隙性抽搐、过度兴奋、角弓反张等。慢性型的食欲减退，生长发育缓慢，消瘦，眼睑肿胀，可视黏膜黄染，皮肤发白或发黄，发痒，并且有假发情症状（图 7-38；图 7-39，彩图）。

【病理变化】 贫血和出血，全身黏膜、浆膜和皮下肌肉内常有针尖状或瘀血斑状出血。慢性的主要是肝脏硬化，黄色脂肪变性，胸腔、腹腔积液。

【防治措施】

（1）**防止饲料发霉变质** 发霉严重的饲料，绝对禁止用来喂猪。玉米等原料要干燥处理，避免受潮发霉。轻度发霉的饲料，可用 1.5％氢氧化钠溶液或草木灰浸泡或用清水多次浸泡、清洗，直到浸泡液无色为止。这样处理后，仍然会有一定

图 7-38　霉玉米中毒症状一（假发情）

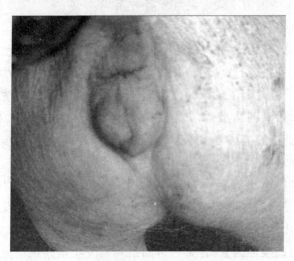

图 7-39　霉玉米中毒症状二（假发情）

的毒性成分，应加强限制饲喂。

（2）**治疗措施**　立即停喂这批饲料。灌服 5% 硫酸钠溶液 500～1000mL，促进毒素排出。用 25% 葡萄糖 250～500mL，加适量的维生素 C 静脉注射。肌内注射维生素 K_3

30～50mg，以保肝解毒。用5％葡萄糖氯化钠以及10％安钠咖进行强心补液。

三、其他疾病

1. 缺铁性贫血症

在所有动物中，猪是缺铁性贫血症最易发的，猪的生长速度越快，饲料报酬越高，越容易发生缺铁性贫血症。当发生缺铁性贫血症时会造成猪的血液携氧能力严重不足，新陈代谢紊乱，抗应激能力下降，易继发各种疾病。

【症状】 猪发生缺铁性贫血症时的主要表现如下。

（1）仔猪症状 表现皮肤苍白，皮毛粗糙、无光泽，食欲不振，生长发育缓慢。免疫力、抗病力低，抵抗外界各种不良刺激特别是低温刺激的能力差，猪易发生各种传染性疾病。

（2）育肥猪症状 生长发育缓慢，食欲不振，抗病力低，血液携氧能力严重不足。猪肌肉会以无氧的异化作用造成大量乳酸堆积，胴体肌肉pH值下降形成水样肉。

（3）母猪症状 贫血的母猪，肌肉收缩无力，产程延长。当仔猪脐带断裂后，母猪却无力产出，造成死产发生，且死产的比例比正常母猪高出3倍。

【机理及原因】 仔猪和母猪最容易发生缺铁性贫血症。原因如下。

① 铁是动物体最必需的微量元素。仔猪出生时，从母体带来的形成血红素、肌红蛋白的铁非常少。仔猪每日生长发育所需的铁为8～10mg，而母猪的奶水每天只能供给仔猪1mg铁。

② 母猪在妊娠过程中为保证胚胎造血功能有足够的铁供应，会尽量动用体内铁的储备。所以母猪产前和产后最容易得缺铁性贫血症。

③ 自然界中的铁一般都是三价铁，动物最难消化吸收利用。饲料中添加的二价铁极易氧化成三价铁。

④ 硫酸亚铁是无机铁，动物体只能消化吸收3%～10%。

⑤ 硫酸亚铁不能添加得太多。过多的硫酸亚铁会影响别的微量元素、维生素的消化吸收，尤其是维生素B_{12}，更能氧化维生素造成维生素缺乏症。

⑥ 饲料中的草酸、植酸及过多的磷酸盐与铁形成不溶性铁盐，均会阻碍饲料中铁的吸收利用；钙、磷配制不当会影响铁的消化吸收；高铜会影响铁的吸收。

⑦ 含有维生素E、维生素C等还原剂时，会影响铁的消化吸收。

【补铁方法】

（1）母猪补铁

① 在饲料中添加硫酸亚铁、葡聚糖铁。但分娩前后给母猪补饲硫酸亚铁并不能增加胎儿体内铁的储备及显著增加奶水中的含铁量，因而不能防止仔猪贫血。

② 在饲料中添加含甘氨酸螯合铁的"泌乳进"，可将铁转移给胎儿，容易通过乳汁转移给仔猪。按$150\mu g/g$铁的甘氨酸螯合铁添加在临产母猪的日粮中，饲喂5周，初生后仔猪不采取任何补铁措施，就可以达到防治仔猪贫血的目的，还可以使仔猪血红蛋白量、增重、成活率方面均比注射铁钴针效果好，而且成本低，可节省大量人力。

（2）仔猪、肥猪补铁

① 2～3日龄的仔猪必须注射铁针剂，如葡聚糖铁（右旋糖酐铁）。

② 仔猪、肥猪饲料中添加含甘氨酸螯合铁的"特补"，"爱猪强"等。

2. 猪应激的预防

应激是指作用于机体的不良环境刺激，引起机体内部发生一系列非特异性反应或紧张状态的统称。例如，热引起出汗，冷引起颤抖，这是特异性作用，但热和冷又都能促使肾上腺皮质激素分泌，这是非特异性作用。机体应激的目的是为了克服不良环境刺激的危害性，以适应刺激。但不良环境刺激较强或时间过长，机体适应功能就会逐渐减弱、失效而衰竭，免疫功能和抗病能力就会下降，环境中本身就存在的病原菌如霉形体、大肠杆菌就可引起疾病。由于我们现在饲养的猪品种生产水平高，承受各种应激的能力反而差，由应激造成的损失更大。

【引起应激的因素】

（1）**管理因素** 运输、转群、搬迁时的拥挤、践踏，断乳及生活环境的突然改变，断尾、注射、抓猪等的强烈刺激。

（2）**气候因素** 高温高湿、低温高湿、贼风，尤以高温引起的热应激对繁殖母猪、公猪损害最大。

（3）**饲料营养因素** 饲料品种、质量、数量、饲喂次数的突然改变。配方不合理，某些营养成分的长期缺乏或过量。

（4）**饲养环境因素** 饲养密度过高，有害气体浓度高，灰尘及病原微生物多又不注重消毒，不注意通风换气。

（5）**疾病、投药及其免疫因素** 疾病是最大的应激因素，投药、免疫过程同样会造成应激。

实际上，一切能引起猪感觉不适的，并形成体内复杂的防卫反应和损害变化的因素，都可称为应激因素。由此可见，应激因素是随时随地都可以发生的。

【致病机理】 应激时，动物体为获得抗应激的能量，体内肾上腺皮质激素等会超量分泌，使机体新陈代谢发生逆转，分解代谢大于合成代谢，分解体内的储备，如蛋白质、脂肪，以产生足够的能量抵抗应激。应激时的分解代谢是在无氧或缺氧情况下进行的，机体会产生大量的代谢中间产物，如乳酸等，使机体生理发生变化，体内各种平衡特别是酸碱平衡被破坏。分解代谢产生的大量中间代谢废物、毒素等积聚体内，损害实质性器官，引起肝、肾肿大，功能下降。应激进而降低猪的生长速度，降低饲料报酬，影响产仔数，还影响猪肉产品的质量，产生如肉色淡、质软、有渗出液的猪肉等。

应激作为非特异性的致病因子，与多种疾病的发病有关。由于肾上腺皮质激素能造成胸腺（产生 T 细胞）等免疫器官的萎缩或肿大，损害免疫器官，破坏免疫功能，降低免疫蛋白数量，造成机体免疫力、抗病力下降，抑制免疫，诱发疾病，条件性疾病如大肠杆菌病、支原体肺炎等就会发生。而这些平时就存在的病原菌，无应激因素一般是不会发生的。

【抗应激的措施】 主要是要改善猪外部和内部的环境。

（1）改善外部环境

① 加强饲养管理。针对饲养环境差，有条件的养殖场，应添置能有效控制畜禽小气候的各种先进机械设备，实行纵向通风。先进而有效的设备是预防热应激、寒应激和有害气体等应激最有效的措施。如排风扇、热风炉、喷雾消毒器械、降温湿帘等。

② 制订严格的操作规程，并严格按照免疫程序进行免疫。个体免疫、运输、转群、抓猪时动作要轻柔，尽量避免人为因素造成的应激。

③ 选择有效的消毒剂并正确进行带猪消毒。决不使用有毒、有刺激性、有腐蚀性的消毒剂，防止消毒引起猪发生

应激。

（2）改善体内环境　长途运输、转群、炎热、饮水量下降、下痢、拥挤等易导致猪脱水，体内电解质、酸碱平衡被破坏时，应及时补充电解质、保水剂，补充能减缓肠道蠕动，促进营养消化吸收，促进水分吸收，促使体内酸碱平衡的特殊营养剂，如"爱猪强"。这种营养剂在采食量下降、断乳前后、饲料品质差、营养不平衡、高产阶段营养有可能缺乏时，能提高猪食欲，促进猪消化酶分泌，促使营养吸收利用。还能提高机体合成免疫蛋白的能力，提高动物机体营养，提高猪免疫力、抗病力及抗体水平，促使机体康复。

总之，严格有效的生物安全措施，即合理的猪舍建筑和布局；有效而先进的饲养设备，特别是通风、换气，保温设备；严格彻底有效的隔离、卫生、消毒措施；科学的饲养管理；严格的操作规程，是预防应激的有效措施。

3．仔猪腹泻

仔猪腹泻，特别是分娩舍仔猪腹泻仍然是当今养猪业的一大难题，通过加强分娩舍仔猪饲养管理、减少因仔猪腹泻而造成损失是提高养猪经济效益的一个有效途径。

近年来对猪有害的细菌和病毒数量明显增多，其中许多都可引起仔猪腹泻和母猪发病。有些疾病可用疫苗来预防，但从长远的观点来说，应采取更为严格的猪场管理措施，如严格控制引种猪场的数量，确保猪场与外界严格隔离，分娩舍和保育舍严格遵守"全进全出"的管理方式，不断提高猪场的卫生标准等。只有这样才能培育出更多更健康的仔猪。

（1）分娩舍仔猪容易发生腹泻的原因

① 仔猪缺乏先天性免疫力。新生仔猪本身没有保护性免疫功能，通常只有从初乳中获取免疫球蛋白才能初步建立免疫

力。初乳中免疫球蛋白的含量虽很高，但下降也快，仔猪肠道免疫应答能力也低下。因此仔猪受环境中病原微生物的侵袭易患病。

② 仔猪调节体温的功能不健全，对寒冷的抵抗力差。初生仔猪体温调节系统尚未发育完善，仔猪在出生 20d 内体温受环境变化的影响很大，当外界环境温度比仔猪的体温低很多时，仔猪的体温能迅速下降，代谢减弱，机体的抵抗力降低，常发生各种疾病，特别是腹泻。

③ 新生仔猪消化器官不发达，消化功能不完善。初生仔猪仅能分泌乳糖酶，胃内仅含有凝乳酶，而胰脂肪酶、胃蛋白酶和胰蛋白酶等消化酶皆很少，其活性也很低，胃酸缺乏，尤其是盐酸（因为仔猪胃液 pH 值低于 4 时才能有利于蛋白质消化，才能使大量病原菌灭活）。

④ 规模化猪场仔猪早期断奶综合应激过强致病。尤其是实施早期断奶，其环境温度、饲料营养、管理条件未跟上需要，更易致病。据报道，早期断奶应激可降低仔猪体内抗体水平，抑制细胞免疫，使免疫反应抑制，引起仔猪抗病力弱，易发生腹泻。

⑤ 营养和饲养管理不当。由于母猪无奶综合征而导致仔猪低血糖，仔猪由不活泼到水泻样腹泻，严重的由虚弱发展到低温、昏迷或神经症状。对仔猪突然强制补料或吃不良的奶汁和饲料，可导致乳猪补料诱导性腹泻或营养性腹泻。

⑥ 细菌性病原体造成腹泻。

a. 仔猪黄痢。1～7 日龄的仔猪发病，由致病性大肠杆菌引起，四季均可发病，以第一胎母猪所产仔猪或环境卫生条件较差的发病率较高；日龄越小死亡率越高。排黄色稀粪，内含凝乳小片，排粪失禁，脱水消瘦，衰脱死亡。

b. 仔猪红痢。四季可发病，主要是 1～3 日龄仔猪发病，多为 C 型魏氏梭菌产生外毒素致病，发病急剧，病程短促，大多于 1～3d 死亡，排出浅红色或红褐色稀粪，以后排含灰色坏死组织碎片，变成"米粥"状的粪便。

c. 仔猪白痢。四季可发病，主要是 10～20 日龄仔猪发病，也是由致病性大肠杆菌引起的。饲养管理差、气温剧变、阴雨连绵等多发，病程 2～10d，以排出乳白色或灰色腥臭的糊状稀粪为特征。

d. 仔猪副伤寒。主要发生于多雨潮湿季节，多见于营养、卫生状况差的猪场，是由致病性沙门菌引起的。以慢性结肠炎表现为主，与肠型猪瘟症状相似，有的呈急性败血症，经 1～6d 死亡。

⑦ 病毒性病原体导致腹泻

a. 猪传染性胃肠炎。是由传染性胃肠炎病毒引起的，冬、春季节较易发，各年龄猪均可感染发病，日龄越小的仔猪危害越大。仔猪呕吐、水样腹泻，最后脱水死亡或成为僵猪，成年猪轻度水样腹泻。

b. 轮状病毒病。早春和晚冬季节多发，以 10～20 日龄的仔猪最易感，新疫区偶有爆发，多为散发。成年猪多为隐性感染。仔猪呕吐、腹泻，粪便黄白色或黑色，较腥臭，呈水样或糊状。

c. 伪狂犬病。冬春季节多发，病猪精神抑郁、呕吐、腹泻、发抖，有的出现后退、转圈等神经症状。

⑧ 弓形虫病导致的腹泻。夏秋季节多发，呈地区性，湿热季节较多发，似猪瘟、流感症状，体温升高稽留，腹泻或便秘，皮肤发绀。

⑨ 缺铁性贫血导致的腹泻。四季可发，以规模化猪场多发，病猪消瘦，食欲不振，便秘与下痢交替，可视黏膜苍白。

（2）预防仔猪腹泻的综合措施

① 做到科学饲养母猪，防止妊娠母猪过肥或过瘦。要获得健壮的仔猪，必须保证给母猪饲喂全价的配合日粮，一般在妊娠前期可采用适当的低标准饲料，但此时也是胎儿组织器官形成的阶段，对日粮中蛋白质和维生素的质量有较高要求，所以妊娠前期的母猪应多喂青绿饲料或多汁饲料有重要意义。妊娠后期应采用高标准饲料，以保证营养供给，促进胎儿正常发育，减少母猪脂肪消耗，为产后恢复体力和初乳积蓄营养。产后当天不要喂精料，适当饲喂麸皮汤或硫酸镁等轻泻剂，产后第 3 天起逐渐增加母猪饲喂量，可防止因母猪产后不食、便秘、缺奶而导致仔猪腹泻。

② 做好母猪分娩前的免疫接种工作和产后母猪的护理。

a. 母猪于产前 36～42d 注射"猪传染性胃肠炎-轮状病毒"二联苗，于产前 21～28d 注射"大肠杆菌基因工程四价苗"，于产前 30d、15d 各免疫接种 1 次红痢菌苗。

b. 待产母猪进入分娩舍前，必须对产栏和母猪进行彻底消毒，有条件的猪场可实行全进全出的方法，更有利于杜绝病原微生物的交叉感染。

c. 做好母猪围产期的保健用药，在临产前 1 周到产后 1 周的母猪饲料中添加药物。可在每吨饲料中加"加康 400g＋金霉素 300g"或"支原净 120g＋阿莫西林 200g"，对预防仔猪腹泻病和气喘病有良好效果。

d. 母猪进分娩舍后和临产中均应用温热的 0.1％高锰酸甲溶液洗涤母猪的阴门、乳房、腹部。临产中擦洗并按摩乳房，挤掉乳头第一、第二把奶，辅助仔猪吃上初乳，是防止母猪乳房炎和仔猪下痢的重要措施，尤其对第一胎母猪更重要。

e. 注意保温工作，保持猪舍干燥。保证良好的卫生条件；适当限制仔猪的采食量，防止仔猪过度采食而引起消化不良性腹泻；仔猪出生后 72h 内注射铁剂 1～2mL，对仔猪因缺铁而造成的贫血、腹泻有很好的防治作用。

③ 对一些因感染细菌而引起腹泻的仔猪，应用加有肠黏膜修复因子的新型兽药制剂，可大大缩短治疗时间。

4．母猪产后缺乳或无乳

母猪产后缺乳或无乳是指母猪产仔后几天之内缺乳或无乳的一种疾病。

【主要表现】

① 可见仔猪吃奶次数增加但吃不饱，常追着母猪吮乳，吃不到奶而饥饿嘶叫，有的叼住乳头不放，大多数仔猪很快消瘦，有的下痢或死亡。

② 多数母猪产后吃喝、精神、体温皆正常，乳房外观也无明显异常变化，用手挤奶，奶量很少或乳汁稀薄或不出乳汁。

【防治】

（1）**科学合理地饲养管理妊娠母猪**　防止过瘦或过肥，尤其要防止便秘和产后不食。

① 必须保证母猪有全价的配合日粮。一般在妊娠初、中期（配种到妊娠 95d）喂 1.8～2.2kg 妊娠母猪料，后期（妊娠 95d 到产前 2d）喂哺乳母猪料 3～3.5kg，辅以青割牧草、青菜或苜蓿草粉等青绿饲料。

② 清洗和消毒母猪。临产前 1 周先清洗，后选用 0.1％高锰酸钾液或新洁尔灭或次氯酸钠给母猪消毒，尤其是乳房、腹侧和臀部。然后进入清洁消毒过的产房。母猪产前 2 天饲喂 2～2.5kg 哺乳母猪料，临产的当天根据猪的食欲喂哺乳母猪料 2kg。

③ 产后的再清洗和消毒。主要是母猪的乳房、腹侧和臀部，按摩乳房，把每个乳头的第一把奶挤掉。产后的前 7d 内，

每天喂 3～5 次，喂量 3～3.5kg，防止过食，多喂青绿牧草，自产后第 7 天开始，逐渐增加配合日粮，直至自由采食，每头母猪日喂量采用母猪基础日粮 1.5kg＋所带仔猪数×0.5kg 的公式计算，宜喂湿拌料。

（2）**产前 1 个月和产后当日注射**　给母猪肌注 1 次亚硒酸钠维生素 E 注射液（每毫升含亚硒酸钠 1mg，维生素 E50 国际单位）10mL。

（3）**产后当天喂服促乳灵**

（4）**在产仔猪期间或产后注射**　可肌注垂体后叶素 10～30 国际单位，用药后 15min，再把隔离的仔猪放回来，让仔猪吃奶。此药可每小时注射 1 次，一般 3～5 次即可见效。

（5）**青年母猪生产仔猪后注射**　由于青年母猪产后异常兴奋也可引起缺乳或无乳，需要肌注安痛定注射液 10～20mL。

（6）**中药或土法催奶**

① 每头母猪每日肌注 10～20mL 高度（50°以上）白酒，连用 2d。

② 红糖 200g、黄酒 250g、鸡蛋 1 枚，拌入饲料内喂猪，连喂 3～4d。

③ 王不留行、党参、熟地黄各 55g，穿山甲、黄芪各 45g，通草 35g，水煎灌服。或将药汁拌入饲料内喂，1 日 1 剂，连服 2d。

④ 海带 300g 泡胀切碎，然后加入 120g 动物油煮汤，1 日 2 次，连喂 2～3d。

⑤ 在煮熟的豆浆中，加入 100～200g 的猪油，连喂 2～3d。

⑥ 穿山甲 8g、通草 8g、益母草 28g、王不留行 8g，水煎拌料喂猪。

⑦ 大豆煮熟，然后加入适量的动物油，连喂 2～3d，每日 1～2 次。

5．母猪低温症

母猪低温症是母猪妊娠后期常发的一种疾病。发病率常常到 15％以上，采食减少，甚至拒食。

【病因】 主要原因是营养不良、管理差，青、精饲料搭配不合理，以致机体营养供给与消耗不平衡，加之体内胎儿逐渐发育，而引起代谢障碍，进而体温降低。

【治疗】 治疗时应补液、强心、恢复神经系统的正常调节功能，以补气、血为主。

① 辅酶 A 100 单位 4 支、肌苷 0.1g 5 支、三磷酸腺苷（A．T．P）20mg 5 支、10％葡萄糖注射液 1000mL，混合一次静滴。每日 2 次，连用 2～3d。

② 10％安钠咖 10mL、维生素 B₁ 10mL，混合肌注。5％葡萄糖生理盐水 500mL、25％葡萄糖注射液 100mL、10％维生素 C 5mL，静脉注射，每日 1 次，连注 2～3d。

③ 附子理中丸 3～6 丸，加水溶化灌服，每日 1 次，连服 3 次。

6．母猪产后热

母猪产仔后 1～3d，因子宫感染而引起的高热称为产后热。

【症状】 母猪体温升高至 40.5～41.5℃，喜卧，食欲减退或废绝，身体颤抖，呼吸加快，泌乳减少，阴户流出脓性分泌物。

【防治】

① 在母猪产仔前 7d，将产房及用具用 2％的烧碱溶液或

甲醛溶液进行全面消毒。

②母猪产仔前应逐渐减少饲喂量，临产前最好不喂料，这样有利于分娩。

③母猪产仔前后用 0.1％的高锰酸钾溶液清洗阴户及乳房。

④如果母猪产仔困难，可注射脑垂体后叶素进行催产，尽量不要将手伸入产道硬拉。

⑤症状较轻的可肌内注射青霉素、链霉素或恩诺沙星等抗生素，每天 2 次，连注 2～3d。

⑥症状较严重的，可适当加大抗生素用量，同时皮下注射 10％的安钠咖注射液 10mL 或脑垂体后叶素 20～40 国际单位，每天 2 次，连注 3～5d，即可痊愈。

7．母猪分娩前后便秘

许多猪场管理者不重视调整母猪分娩前后的内分泌功能，更不重视对母猪分娩前后便秘的防治。国内养猪研究工作者也很少研究母猪分娩前后的便秘现象，故很少看见有关于母猪便秘的研究报道。

【病因】

（1）母猪圈养特别是笼养造成母猪缺乏运动　当母猪移入妊娠圈或分娩栏后，常因活动减少和环境突然变化所致的应激，使采食量和饮水量减少，进而造成肠道运动紊乱而便秘。

（2）妊娠后期胎儿压迫直肠，造成直肠蠕动减少　粪便在直肠内停留的时间过长，水分过度被吸收，造成便秘。

（3）饲料问题　饲料颗粒过细、粗纤维含量不足，不喂青绿饲料造成直肠蠕动减少，直肠中没有足够的水分而便秘。

（4）饲养管理方式的改变　为提高仔猪的初生重和母猪的泌乳量，母猪妊娠最后 2 周进行充分饲喂；产后当日少喂或不喂，以后逐渐增加喂量；分娩室温度高于 21℃ 时，会造成母猪的便秘。

（5）**日粮的改变** 母猪由分娩前的低蛋白质日粮转喂泌乳期高蛋白质日粮时，改变了大肠吸收和分泌液体的能力，使大肠变得满实而便秘。

（6）**其他因素** 母猪妊娠和泌乳相关的各种生理因素都可能会引起分娩前后母猪的便秘，如母猪的乳房水肿。妊娠母猪的内分泌状态变化、母猪年龄、饲养管理因素，特别是应激因素等都有可能引起母猪便秘。

总之，母猪便秘并不是一个因素的作用结果，而是几个因素的共同作用结果，更可能是由于应激和其他因素的综合作用发生在某些管理不善的猪群。

【**母猪便秘的后果**】 母猪便秘是一种症状并非是一种疾病，但如果不及时处理，就会进入病理状态，引起母猪的一系列疾病。

① 粪便发酵产生热量会使直肠温度升高，进而造成母猪体温升高。

② 粪便发酵产生的毒素会损害机体的器官，引起各种炎症，如子宫炎等。也会加剧母猪的乳房水肿现象，严重的会引起乳腺炎。乳腺炎及粪便发酵产生的毒素都会引起仔猪下痢。

③ 便秘会造成母猪厌食，进而引起母猪分娩无力，充满粪便的直肠压迫产道，两者都会引起母猪难产，产死胎。

④ 便秘会引起母猪精神沉郁或暴躁，母猪坐立不安，容易压死、咬死、夹死仔猪。

⑤ 便秘会引起母猪营养不良，进而影响仔猪生长发育。

【**防治**】

① 适当增加母猪的运动。

② 适量增加青绿饲料的用量。

③ 使用粗纤维饲料，如麦麸、紫花苜蓿粉等。

④ 采用泻药。硫酸镁和硫酸钠等都具轻泻作用，以硫酸镁作用更为强烈，效果更好。必须注意的是，在应用泻药作为轻泻剂时，由于猪的品种、年龄和体重不一致，经常发现反应不一致。

⑤ 用"泌乳进"。"泌乳进"是母猪便秘的营养性生理调理剂，可改变结肠和直肠对水分的吸收率，能吸引水分至大肠腔内从而增加粪便的水分滞留量，粪便因此柔软，易于从肠道排出。能轻微刺激肠壁蠕动，缩短粪便排出时间，增加日排粪次数，有效防止便秘发生。可以调节母猪的内分泌系统，使母猪乳房水肿液中的水分进入肠腔，在消除乳房水肿、促进母猪泌乳的同时，解决母猪的便秘现象。

8．母猪乳房水肿

乳房水肿是分娩前后母猪普遍存在的一种生理现象。母猪饲养者由于错误地认为是分娩前后母猪正常的"胀乳"而被忽视。乳房水肿液的增加，压迫乳腺组织，影响到母猪的泌乳功能。

【原因】

① 分娩前母猪缺乏运动。特别是母猪笼养，更加限制了母猪的运动，影响母猪的血液循环。

② 饲料营养缺乏或不平衡。

③ 饲养管理不科学。如冬天母猪长期睡在寒冷的水泥地面，造成腹部血液循环障碍而患乳房水肿。由于猪的乳房在身体下方，故母猪会发生乳房水肿。是妊娠后期母猪的一种普遍的生理现象。

【母猪乳房水肿的影响】

① 乳房水肿使母猪的乳房发育受影响，使母猪无乳或初

乳少。

② 乳房水肿会造成母猪泌乳能力不足。仔猪生长发育受影响，抗病力下降，严重的会形成僵猪。

③ 严重的乳房水肿会造成母猪的乳腺炎。

④ 形成瞎乳头，造成母猪便秘；母猪过瘦或过肥，母猪发情异常，配种困难；母猪使用年限短，饲养母猪没效益。

【防治】

① 适当增加母猪的运动量能促进血液循环，有消除母猪乳房水肿的效果。

② 平衡饲料营养，给予临产前母猪充分的饲喂。饲料营养不在于多，而在于平衡。特别是平衡的氨基酸。

③ 加强饲养管理，给妊娠母猪一个舒适清洁的环境，降低应激，减少疾病发生。

④ 防止妊娠母猪贫血，维持母猪正常的血液循环和新陈代谢，有效防止乳房水肿。

⑤ 调整母猪的内分泌系统，防止母猪便秘，消除母猪乳房水肿，补充母猪营养，防止母猪贫血。

9. 母猪产程过长综合征

母猪饲养管理者很少注意母猪产仔时间的长短，更不注意统计母猪产仔时间。通过防止母猪难产，缩短产程，促使母猪多产活仔，提高养猪效益。

【症状】 母猪分娩无力，产仔（从产出第一头猪至最后一头猪及胎衣全部产出）时间超过 3h（有些国家则规定超过 2.6h），每头仔猪产出时间平均超过 15min 的现象称为母猪产程过长综合征。母猪因个体、年龄、胎次、产仔数量、母猪品种不同，产仔时间有很大差异。

【病因】 母猪便秘和厌食；母猪贫血，分娩室缺氧；母猪过肥和过瘦，体弱无力，年老体衰；使用了不合格饲料添加剂；胎儿畸形或胎位异常；感染了传染性疾病。

【对母猪和仔猪的影响】

① 母猪分娩应激大，易得产期病，如子宫炎、阴道炎、阴道外翻，严重的造成死亡。

② 引起仔猪死亡。

【防治】

（1）**加强饲养管理** 保证猪舍最适温度下的最大通风量。

（2）**人工助产** 助产人员剪去指甲，洗干净并进行手的消毒或戴薄手套，有耐心地配合子宫收缩进行人工助产。助产后给母猪注射抗生素，防止产道感染。人工助产须特别慎重进行。

（3）**使用催产素** 催产素能起到加强子宫收缩，缩短母猪产仔时间的作用，但如果催产素使用时间不当或使用剂量不准确反而会因为子宫痉挛造成母猪难产，严重的还会影响母猪的泌乳和今后的发情配种，所以必须慎用催产素。

10. 母猪不发情

【病因】

（1）**卵巢不正常或卵巢发育不全** 剖检可发现卵巢小而没有弹性，表面光滑，或卵泡发育明显偏小，只有米粒大小。

（2）**卵巢囊肿** 严重者形如鸡蛋，囊肿卵泡直径可达1cm以上，剖检可见。可用促排三号（300μg）或黄体酮（40mg）治疗。

（3）**营养问题** 最常见的问题是能量摄入不充足，脂肪储备不足，后备母猪在配种之前的背膘厚应在 20～25mm；再就是，营养元素的缺乏，导致发情推迟。

（4）**饲养方式不妥** 对后备母猪而言，大栏成群饲养

（每栏 4～6 头）比定位栏饲养好，母猪相互间适当的争斗与爬跨对促进发情有好处。若多于 6 头或更多，则较为拥挤、且打斗频繁，不利于发情。若不得已要用定位栏饲养，则应加强运动。

（5）**饲养管理不当**　过肥、过瘦均会影响正常的性成熟。有些猪场限制采食过度致部分母猪过瘦，分群不合理致膘情不均匀；有些虽然体况正常，但由于饲料中长期缺乏维生素 E 等，导致性腺的发育受到抑制。母猪应在 160 日龄以后就要有计划地跟公猪接触，每天接触 1～2h，用不同公猪多次刺激比用同一头公猪效果更好，而这一点往往很多猪场没有做好。

（6）**温、湿度影响**　资料表明，当环境温度超过 30℃时，卵巢的功能受抑制，母猪的发情与产仔会受到影响。南方主要为 6 月、7 月、8 月、9 月四个月的高温对母猪发情影响较大，3 月、4 月的高湿季节对母猪的再发情也有较大影响，后备母猪与初产母猪尤其明显。

（7）**安静发情**　体内卵巢活动及卵泡发育均正常，不表现发情症状或发情症状不明显。

【治疗措施】

（1）**控制好膘情**　6 月龄以前的后备母猪可以少控料或不控料，以保证其身体各器官的正常发育；6 月龄后要适当限量饲喂（日喂 2.5kg/头左右），防止过于肥胖；后备母猪配种前的理想膘情为 3～4 分膘，过肥过瘦均有可能出现繁殖障碍。

（2）**对于发情征象不明显的猪要细心观察**　不表现发情征象者比例极少，只有淘汰。

（3）**多与公猪接触**　后备母猪在 160 日龄后要有计划地跟公猪适当接触，以促进发情的启动。

（4）**加强运动**　利用专门的运动场，每周至少在运动场自由活动 1d，6 月龄以上母猪每次运动应放 1 头公猪，同时防止偷配。

（5）**建立并完善发情档案** 后备母猪在 160 日龄以后，需每天到栏内用压背结合外阴检查法来检查其发情情况，对发情母猪要及时建立发情记录，为将来的配种做好准备。

（6）**应激措施** 7 月龄仍不发情，需频繁地跟公猪接触；每周调 1 次栏，让其跟不同的公猪接触；使母猪经常处于一种应激状态；有必要时可赶公猪进栏追逐 10～20min。

（7）**催情补饲** 从 7 月龄开始应根据其发情日期进行重新分群；将 1 周内发情的后备母猪归于一栏或几栏，限饲 7～10d，日喂 1.8～2.2kg/头。10～14d 的优饲，日喂 3.0kg/头以上，直至发情、配种。这样做还有利于提高初产母猪的排卵数。

（8）**温、湿度控制** 气温在 30℃以上应尽量给母猪多冲水，做好防暑降温工作。

第八章
猪病的鉴别诊断

一、有相同或相似症状的猪病

1．母猪无临床症状而发生流产、死胎、弱胎的病

细小病毒病；衣原体病；繁殖障碍性猪瘟；猪乙型脑炎；伪狂犬病。

2．母猪发生流产、死胎、弱胎并有临床症状的病

猪繁殖与呼吸道综合征；布氏杆菌病；钩端螺旋体病；猪弓形虫病；猪圆环病毒病；代谢病。

3．表现脾脏肿大的猪传染病

炭疽；链球菌病；沙门菌病；梭菌性疾病；猪丹毒；猪圆环病毒病；肺炎双球菌病。

4．表现贫血、黄疸的猪病

猪附红细胞体病；钩端螺旋体病；猪焦虫病；胆道蛔虫病；新生仔猪溶血病；铁和铜缺乏；仔猪苍白综合征；猪黄脂

病；缺硒性肝病。

5．猪尿液发生改变的病

真杆菌病（尿血）；钩端螺旋体病（尿血）；膀胱结石（尿血）；猪附红细胞体病（尿呈浓茶色）；新生仔猪溶血病（尿呈暗红色）；猪焦虫病（尿色发暗）。

6．猪肾脏有出血点的病

猪瘟；猪伪狂犬病；猪链球菌病；仔猪低血糖病；衣原体病；猪附红细胞体病。

7．表现体温不高的猪传染病

猪水肿病；猪气喘病；破伤风；副结核病。

8．猪表现纤维素性胸膜肺炎和腹膜炎的病

猪传染性胸膜炎；猪链球菌病；猪鼻支原体性浆膜炎和关节炎；副猪嗜血杆菌病；衣原体病；慢性巴氏杆菌病。

9．猪肝脏表现出坏死灶的病

猪伪狂犬病（针尖大小灰白色坏死灶）；沙门菌病（针尖大小灰白色坏死灶）；仔猪黄痢；李氏杆菌病；猪弓形虫病（坏死灶大小不一）；猪的结核病。

10．伴有关节炎或关节肿大的猪病

猪链球菌病；猪丹毒；猪衣原体病；猪鼻支原体性浆膜炎和关节炎；副猪嗜血杆菌病；猪传染性胸膜肺炎；猪乙型脑炎；慢性巴氏杆菌病；猪滑液支原体关节炎；风湿性关节炎。

11．引发猪的肝脏变性和黄染的疾病

猪附红细胞体病；钩端螺旋体病；梭菌性疾病（大猪是诺维梭菌）；黄曲霉毒素中毒；缺硒性肝病；金属毒物中毒；仔猪低血糖；猪戊型肝炎。

12．引起猪睾丸肿胀或炎症的疾病

布氏杆菌病；猪乙型脑炎；衣原体病；类鼻疽。

13．表现皮肤发绀或有出血斑点的猪病

猪瘟；猪肺疫；猪丹毒；猪弓形虫病；猪传染性胸膜肺炎；猪沙门菌病；猪链球菌病；猪繁殖与呼吸道综合征；猪附红细胞体病；衣原体病；猪感光过敏；病毒性红皮病；亚硝酸盐中毒。

14．猪剖检见有大肠出血的传染病

猪瘟；猪痢疾；仔猪副伤寒。

15．引起猪小肠和胃黏膜炎症的传染病

流行性腹泻；传染性胃肠炎；轮状病毒病；仔猪黄痢；猪链球菌病；猪丹毒。

16．猪剖检见有间质性肺炎的传染病

猪圆环病毒病；猪繁殖与呼吸道综合征；猪弓形虫病；猪衣原体病。

17．猪的耳壳增厚或肿胀的病

猪感光过敏；猪肾炎与皮炎综合征；猪放线菌病。

18．常见未断奶仔猪呼吸道症状的病原体及病因

猪繁殖与呼吸道综合征；霉形体；猪链球菌病；克雷伯杆菌病；副猪嗜血杆菌病；巴氏杆菌病；缺铁性贫血。

19．表现猪蹄裂的病因

生物素缺乏；饲喂生蛋白饲料；地板粗糙；硒中毒；某些霉菌毒素所致。

20．引起猪的骨骼肌变性发白的病因

① 恶性口蹄疫。成年猪患恶性口蹄疫时，骨骼肌变性发白发黄，而口腔、蹄部变化不明显，幼龄猪患口蹄疫时主要表现心肌炎和胃肠炎。

② 应激综合征。肌肉发生变性呈白色。

③ 猪缺硒。仔猪一般发生白肌病（主要是 1 个月以内的发生），2 个月左右的发生肝坏死和桑葚心。

④ 猪的肌红蛋白尿。骨骼肌和心肌发生变性和肿胀。

21．表现有神经症状的猪病

猪传染性脑脊髓炎；猪凝血性脑脊髓炎；猪狂犬病；猪伪狂犬病；猪乙型脑炎；猪心肌炎；破伤风；猪链球菌病；猪李氏杆菌病；猪水肿病；猪维生素 A 缺乏；仔猪低血糖；某些中毒性疾病；仔猪先天性震颤。

22．表现有呼吸道症状的猪病

猪流感；猪繁殖与呼吸道综合征；猪圆环病毒病；猪伪狂犬病；萎缩性鼻炎；猪巴氏杆菌病；猪传染性胸膜肺炎；气喘病；衣原体病；克雷伯杆菌病；猪弓形虫病；肺

丝虫病。

23．表现有消化道症状的猪病

猪大肠杆菌病；猪沙门菌病；猪痢疾；弯杆菌性腹泻；耶氏菌性结肠炎；流行性腹泻；猪传染性胃肠炎；轮状病毒性腹泻；猪-牛黏膜病；小袋纤毛虫病；另外猪瘟、猪巴氏杆菌病、猪伪狂犬病、猪链球菌病、衣原体病、猪附红细胞体病、猪圆环病毒病等也兼有腹泻的症状。

二、猪病的简易辨析方法

猪病虽然种类繁多而且复杂多变，但一般特定的临床症状和病理变化能作为病症的示病特征。

（一）具有皮肤红斑的热型疫病鉴别

① 猪肺疫。咽部明显肿大，呈急性经过。

② 猪瘟。没有咽部肿大，各年龄都可发病，红斑指压不褪色。

③ 猪炭疽病。咽部明显肿大，呈慢性经过。

④ 猪弓形体病。没有咽部肿大，多在 6 月龄发病，红斑指压不褪色，红斑凸出皮肤，与皮肤界限不清楚。

⑤ 猪丹毒。没有咽部肿大，多在 6 月龄发病，红斑指压褪色，红斑突出于皮肤，呈菱形、方形等，界限明显。

⑥ 猪链球菌病。没有咽部肿胀，多发于仔猪肢体末梢，跛行，神经症状。

⑦ 猪副伤寒。没有咽部肿胀，多发于仔猪肢体末梢，皮肤湿疹、腹泻。

（二） 具有明显呼吸症状的疫病的鉴别

① 猪喘气病。体温正常，呼吸困难，鼻无病变。

② 猪萎缩性鼻炎。体温正常，呼吸困难，鼻有病变。

③ 猪瘟。体温升高，呈流行性，经过不良。

④ 猪流行性感冒。体温升高，呈流行性，经过良性。

⑤ 猪弓形体病。体温升高，呈散发或地方流行性，经过良性。

⑥ 猪类流感型伪狂犬病。体温升高，呈散发或地方流行性，经过良性。

⑦ 猪肺疫。体温升高，呈散发或地方流行性，经过不良。

（三） 具有神经症状的疫病的鉴别

① 猪传染性脑脊髓炎。眼球震颤。

② 猪病毒性脑脊髓炎。呕吐、便秘、猪血凝不良。

③ 猪类流感型伪狂犬病。猪伪狂犬病有败血症。

④ 猪伪狂犬病。猪攻击人、畜。

⑤ 猪李氏杆菌病。败血症、进行性消瘦。

⑥ 猪破伤风。肌肉强直。

⑦ 猪水肿病。仔猪断奶后有头部水肿。

⑧ 猪脑炎型链球菌病。败血症、跛行。

⑨ 猪布氏杆菌病。少数病猪有神经症状，妊娠母猪流产，公猪睾丸炎。

（四） 口蹄部有水疱的疫病鉴别

① 猪水疱性口炎。各种家畜都易感染。

② 口蹄疫。偶蹄兽均可感染。

③ 猪水疱病。猪、人可感染，病情较轻不会致死。

参考文献

[1] 王燕丽等. 猪生产 [M]. 北京：化学工业出版社，2009.

[2] 蔡宝祥. 家畜传染病学 [M]. 第4版. 北京：中国农业出版社，2001.

[3] 郭宗义，王金勇. 现代实用养猪技术大全 [M]. 北京：化学工业出版社，2011.

[4] 潘琦，周建强. 科学养猪大全 [M]. 合肥：安徽科学技术出版社，2015.

[5] 周元军，孙明亮，郑康伟. 养猪300问 [M]. 第2版. 北京：中国农业出版社，2006.